# 高速切削加工单元的实例推理机制及数据库系统

户春影　王永忠　著

U0333699

HEUP 哈尔滨工程大学出版社

## 内 容 简 介

本书深入研究已有的高速切削实例,在建立高速切削数据库理论模型的基础上,建立了基于知识的集成制造参考模型,采用知识库的建模方法建立了数据库的体系结构,高速切削数据库采用 C/S 模式;对系统的功能进行了设计,构建基于实例的高速切削数据推理机制;分析了云计算、云制造技术的关键技术,运用云计算技术中最具驱动力的虚拟化技术实现了服务器虚拟化和应用程序虚拟化;构建了数据库系统的运行环境,迅速建立了基于集成化、网络化和资源共享的高速切削数据库,将数据库置于"云端",为实现云制造奠定了基础,同时对推动高速切削技术发展具有重要意义。

本书可作为相关生产单位、科研单位、教学单位的参考书。

**图书在版编目(CIP)数据**

高速切削加工单元的实例推理机制及数据库系统/户春影,王永忠著.—哈尔滨:哈尔滨工程大学出版社,2016.1
ISBN 978 - 7 - 5661 - 1217 - 0

Ⅰ.①高… Ⅱ.①户… ②王… Ⅲ.①高速切削 - 研究 Ⅳ.①TG506.1

中国版本图书馆 CIP 数据核字(2016)第 021951 号

**选题策划** 张晓彤
**责任编辑** 张忠远 宗盼盼
**封面设计** 语墨弘源

---

**出版发行** 哈尔滨工程大学出版社
**社 址** 哈尔滨市南岗区东大直街 124 号
**邮政编码** 150001
**发行电话** 0451 - 82519328
**传 真** 0451 - 82519699
**经 销** 新华书店
**印 刷** 哈尔滨市石桥印务有限公司
**开 本** 787mm × 960mm 1/16
**印 张** 8.5
**字 数** 190 千字
**版 次** 2016 年 1 月第 1 版
**印 次** 2016 年 1 月第 1 次印刷
**定 价** 36 元
http://www.hrbeupress.com
E-mail:heupress@ hrbeu.edu.cn

---

# 前　　言

现代制造业的发展目标是实现高效率、高精度、高柔性、绿色化,这就要求相应的数据库技术能够实现规模化、网络化、数据跨平台信息共享,只有这样才能实现这一目标。当前的情况是,高速切削技术在飞速发展,而与之相对应的高速切削数据库技术还处于停滞不前的状态,使得高速切削所特有的高效率、高精度和低成本的优势无法得到巩固和推广。其原因在于,第一,虽然国内外开发了一些实用的切削数据库,但多为常规切削数据,目前还缺乏完整、实用的高速切削数据库;第二,高速切削作为一种先进的加工技术,积累的切削数据较少,常规切削加工积累的数据又无法照搬使用,使得高速切削数据匮乏,无法满足高速切削技术飞速发展的需要;第三,尽管云计算、云制造技术正在蓬勃兴起,但基于集成化、网络化和资源共享的高速切削数据还不多见,这极大地限制了高速切削技术的推广应用。

深入研究已有的高速切削实例,构建基于实例的高速切削数据推理机制,迅速建立基于集成化、网络化和资源共享的高速切削数据库是一条巩固和推动高速切削技术发展的有效途径并且具有重要意义。

本书以基础理论研究为中心,针对性强,研究成果具有一定的实用性和理论参考价值,本书取材以作者多年研究的成果为主,均为作者已发表或即将发表的研究资料。全书共分6章,黑龙江八一农垦大学户春影撰写了第 1~4 章(约 12 万字),哈尔滨理工大学王永忠撰写了第 5 章、第 6 章(约 7 万字)。该书可供有关生产单位、科研单位、教学单位参考。

本书著者户春影参与了黑龙江省教育厅科学技术研究项目(项目编号 12541166),即基于多层动网格技术静压支承润滑特性研究;黑龙江八一农垦大学教学研究课题(校教务发[2012]26 号),即对机械设计专业机床数控技术教学模式的探索和研究。

由于著者水平有限,研究还不够深入,错误和不足之处在所难免,敬请读者批评指正。

著　者
2015 年 9 月 16 日

# 目　　录

# 第1章　绪　　论

## 1.1　研究目的及意义

尽管现代制造技术有了突飞猛进的发展,新的加工方法不断涌现,但切削加工仍然是当前最主要的产品生产方法。据估计,占全球15%的机械产品都是由机械加工完成的。而切削加工占整个机械加工工作量的90%以上[1]。

高速切削技术可以促进制造工艺及制造装备的更新换代,使切削效率和切削质量得到显著提高,通过高速切削技术还可以使加工成本、加工时间降低50%以上。高速切削加工技术为机械制造业带来了一场影响深远的技术革命。但是高速切削作为一种先进加工技术,它所积累的相关切削数据和生产现场的加工实例较少,常规切削加工积累下来的数据又无法直接使用到高速切削生产当中,使得目前国内外缺乏完整而实用的高速切削数据库系统[2]。这就造成了高速切削所固有的高效、高精度和低成本的优势远远没有在机械制造业中体现出来,另一方面,也严重制约了高速切削技术的推广应用。

切削数据及其数量是衡量切削技术水平的重要指标。采用合理的切削数据能够更充分发挥高速切削机床和刀具的功能。对于数控机床和加工中心等设备来说,自动化加工的辅助时间已经得到有效缩短,如果能够充分合理利用甚至优化切削数据,进一步缩短加工时间,对提高整个加工系统的加工效率和经济效益具有更加重大的意义。切削数据通常来源于切削手册、生产实践数据或实际切削经验。随着计算机技术的飞速发展,计算机技术已经在切削领域得到了广泛的应用,新型切削数据库不断涌现,切削数据库在现代机械制造业发挥的作用越来越突出。根据国际生产工程研究会对切削数据库经济效益所进行的调查表明:切削数据库可以使加工成本降低10%以上[3]。

高速切削数据库应该满足集成化、智能化、实用化、规模化和网络化的需求。现代计算机技术的飞速发展为高速切削数据库的规模化和网络化提供了技术支持,特别是近年来发展起来的云计算技术,为高速切削数据库的网络化提供了巨大的发展空间。

云计算是近年来发展起来的一种新兴的计算模型。用户可以利用该模型在任何地方通过连接的设备(如计算机终端、手机等设备或仪器)访问应用程序,从而更加快速地处理复杂的计算任务。在云环境下,应用程序运行在可大规模伸缩的数据中心,而计算资源可在云环境中动态部署并且能够共享。因此,云计算技术使得用户即使没有计算能力很强的计算机客户端,也能直接从"云端"(服务器端)获得较强的计算能力。云计算利用互联网的高速传输能力,将数据库的处理过程从服务器转移到互联网集群中。集群中的计算机都是普通的工业标准服务器,由一个大型的数据中心进行管理,这个数据中心根据客户的需求进行存储和资源分配,实现与超级计算机同样的计算效果。采用云计算技术,可以使高速切削数据库的网络化水平更高,也可以使高速切削数据的计算能力、传输能力大大提高,并且对于高速切削技术的推广应用起到积极的促进作用。本书研究的目的在于:一是,建立符合当前实际情况的航空发动机典型件和淬硬钢模具高速切削数据库,探讨数据库的建立模式,满足数据库的智能化和实用化;二是,研究将云计算理念应用到数据库系统中,实现高速切削数据库的规模化、网络化、数据跨平台信息共享。

# 1.2 国内外研究现状

## 1.2.1 高速切削数据库的研究现状

高速切削技术是近年来迅速发展起来的一项先进制造技术。高速切削技术的概念最早是由德国物理学家萨洛蒙(Carl. J. Salomon)博士提出的。萨洛蒙博士指出,在常规切削速度范围内,切削温度随着切削速度的增大而升高,但当切削速度增大到一定值以后,切削温度不但不升反而会降低,并且该切削速度与工件材料的种类有关。对每一种工件材料都存在一个速度范围,在该速度范围内,由于切削温度过高,刀具材料无法承受,切削加工无法进行,但当切削速度超过这个范围,即在高速切削范围内,切削温度与常规切削基本相同,此时,刀具磨损率变小,而生产效率大幅度提高。这一理念导致了高速切削加工技术的诞生。

高速切削的"高速"是相对的,一般把切削速度比常规速度高出 5 ~ 10 倍以上的切削称为高速切削。不同的加工方式不同的工件材料有不同的高速切削速度范围。通常,对于工件材料来说,高速切削的切削速度范围分别为:铝合金 2 000 ~ 7 500 m/min,铸铁 500 ~ 1 500 m/min,钢 300 ~ 800 m/min,超耐热镍合金 500 m/min,钛合金 150 ~ 1 000 m/min,纤维增强塑料 2 000 ~ 9 000 m/min。高速切削加工中的高速度不应当仅仅是一个技术指标,而且还应当是一个经济指标,是一个可以由此获得较大经济效益的高速度、高效率的切削加工。这对于利用和推广高速切削技术是至关重要的。

与普通的切削加工相比,高速切削加工具有如下特点[4]。

(1)加工周期短,效率高

高速切削的材料去除率通常是常规切削的 3 ~ 5 倍,因而加工效率比常规切削加工效率高。

(2)刀具和工件受热影响小

切削生产的热量大部分被高速流出的切屑带走,散热速度快,因此刀具和工件热变形较小,能够有效地提高加工精度。

（3）工件表面质量好

切削速度高,机床激振频率远高于工艺系统的固有频率,因此减小了工艺系统振动,使加工工件能够比较容易地获得更好的表面质量。

（4）可以进行高速干切削

采用高速切削技术,更容易利用干切削,减少对环境的污染,实现绿色加工。

（5）能够实现高硬度材料的加工

对于高硬度材料,采用高速切削加工比常规切削加工更容易实现。在高速、大进给和中切深的加工条件下,完成高硬度材料的加工,不仅效率高出电加工的 3～6 倍,而且还可以获得较高的表面质量。

数据库是长期存储在计算机内的、有组织的、可共享的、大量数据的集合[11]。目前,数据库的逻辑模型有层次模型、网状模型、关系模型、面向对象模型、对象关系模型等。1969年,IBM 公司研制了基于层次模型的数据库管理系统 IMS( Information Management System)。1970 年,IBM 公司的研究员 E. F. Codd 提出了关系数据模型。20 世纪 80 年代,面向对象的方法和技术诞生了并对计算机各个领域都产生了深远的影响,同时也促进了数据库中面向对象数据模型的研究和发展。随着网络技术飞速的发展,各种 Web 数据库访问技术( 如CGI,ASP,JSP,ADO,ODBC 等)和各种数据库系统体系结构( 如 C/S 模式、B/S 模式等)相继产生。

（1）CGI 数据库访问技术

CGI( Common Gateway Interface)是 www 服务器运行时外部程序的编写规范,按照 CGI规范编写的程序可以拓展服务器的功能,完成服务器本身不能完成的工作,外部程序执行时能够生成 HTML 文档,并将文档返回到 www 服务器。CGI 的缺点是程序运行效率较低。用户的每一表单都必须执行一个可执行程序文件,因此,当多个用户同时发出申请时,必定会使多个可执行程序文件同时在内存上运行,这就在服务器上形成瓶颈,影响了服务器的执行速度。此外,CGI 协议的适应性较差,缺乏与用户的访问控制。

（2）API 数据库访问技术

服务器 API( Application Programming Interface)通常作为一个 DLL 提供。使用 API 开发的程序性能比使用 CGI 开发的程序性能要优越,这主要是因为 API 应用程序是一些与 www服务器软件处于同一地址空间的 DLL,因此所有的 HTTP 服务器进程都能够直接利用各种资源。这种方式比调用不在同一地址空间的 CGI 程序语句占用的系统时间要少。但这种方式也有缺点:各种 API 之间的兼容性较差,没有统一的标准来对这些接口进行管理;开发API 比开发 CGI 应用程序要复杂很多;另外,API 程序只能运行在专用服务器和操作系统上[5]。

（3）ODBC 数据库访问技术

ODBC（Open Database Connectivity）是微软公司开发的基于 Windows 环境的一种数据库访问接口标准，ODBC 标准的一个最显著的优点是用它生成的应用程序与数据库及数据库引擎无关。Web 服务器通过数据库驱动程序 ODBC 向数据库服务器发出 SQL 请求，这样数据库服务器收到的是标准 SQL 查询指令，数据管理系统执行 SQL 指令并将查询结果再通过 ODBC 返回 Web 服务器。ODBC 经过不断改进，已经成为存取数据库的事实上的标准。

（4）ASP 数据库访问技术

ASP（Active Sever Pages）是 Microsoft 基于服务器的、建立动态和交互式 Web 页面的技术。在 ASP 文件中，可以嵌入 ActiveX 控件和脚本语言。ActiveX 控件也称 OLE 控件或 OCX 控件，是能够运行在 Web 页面上的软件组件。ActiveX 控件是跨语言的，能够在许多编程语言中应用；ActiveX 控件是依赖于平台的，目前还只能在 Microsoft 的平台上使用。脚本是一种能够完成某些特殊功能的小程序段，这些程序在运行过程中被逐行地解释。

（5）ADO 数据库访问技术

ADO（Active Data Object）是基于 ActiveX 规范的数据库访问组件。将 ADO 与 ASP 结合能够建立提供数据库信息的网页，能在网页中执行 SQL 命令。将 ADO 与 VBScript 或 JavaScript 结合能够用来控制数据库的访问和查询结果的输出。ADO 可以连接到任何支持 ODBC 的数据库。

（6）C/S 模式数据库系统体系结构

在计算机网络环境下，C/S（Client/Server）是指一个应用系统在整体上被分成两个逻辑部分，即一个是客户机，另一个是服务器。其中，每个部分充当不同的角色，完成不同的功能。通常，客户机为完成特定的工作向服务器发出命令；服务器则处理客户机的请求，返回处理的结果。早期的 C/S 模式采用两层结构，包含客户端界面和数据库服务器。随着分布式技术的不断发展，目前一般采用三层 C/S 结构。三层结构是由表示层、应用层和数据层构成。表示层是用户与系统交互的接口部分，主要用于用户的输入和输出数据。应用层是应用程序的主体。数据层是 DBMS 和数据库本身。

（7）B/S 模式数据库系统体系结构

B/S 结构是将 Web 技术与 C/S 结构技术相结合的模式，实现了开发环境与应用环境的分离。它将客户端的表示层用 Web 浏览器取代。大量的业务处理放在应用服务器，应用服务器又称 Web 服务器，作为应用层。数据库服务器作为数据层。这样，浏览器与 Web 服务器之间相当于终端机与主机模式，而 Web 服务器与数据库服务器之间是一种 C/S 数据库模式。B/S 模式的工作原理是：用户以浏览器的表达方式向 Web 服务器发送请求。Web 服务器收到请求后，将数据处理结果返回给 Web 服务器，最后由 Web 服务器将结果以 HTML 格式或相应的脚本语言的格式返回浏览器。B/S 的最大特点是系统具有扩展功能，支持异构系统和异构数据库。

从 20 世纪 60 年代中期开始,很多国家开始建立自己的切削数据库,据不完全统计,至 20 世纪 80 年代末已经有美国、德国、瑞典、英国、日本等国家建立了 30 多个大型的金属切削数据库,其中著名的有美国金属切削研究联合公司(METCUT)的 CUTDATA、德国阿亨工业大学的 INFOS、瑞典的 SANDVIK 公司的 SANDVIK COROCUT 等。CUTDATA 是美国金属切削研究联合公司在 1964 年 10 月建立的一个切削数据库[6],包含大量的切削试验数据,数据经过多次更新,比较全面、可靠。这些数据几乎包含了各种材料和工序的切削数据,其存储量达 10 万多条记录。CUTDATA 可以为 3 750 种以上的工件材料、22 种加工方式及 12 种刀具材料提供切削参数。

德国阿亨工业大学吸取各国数据库的特点,在 1971 年建立了切削数据情报中心,简称 INFOS。目前,INFOS 存储的材料可加工性方面的信息总量已达二百万个单元数据,成为当今世界上存储信息最多、软件系统最完整和数据服务能力最强的切削数据库之一。P. G. Maropoulos 等人对加工圆柱体工件时的智能刀具选择系统中的基于知识的模型 ITS - KBS (Knowledge - Based Module of Intelligent Tool Selection)进行了研究,其主要功能是对车(镗)削加工中根据加工要求选择刀具。它的智能化表现在能够根据金属切削的基本原理和已有验证过的数据来预测新的加工条件。一般把数据库分成几个模块(字库),每个模块存有不同的数据,如机床信息、刀具信息以及可加工性信息等,这些模块是相对静态的,而已被验证的数据字库则是动态的,随时可以通过更新来添加数据。

一些计算机辅助设计与制造软件开发商开发了一些切削数据库模块,如 UG CAM 中包含了一个功能强大的切削数据库,通过数据库的查询,可以定义工件材料、刀具材料、刀具尺寸参数以及切削方法等,并通过数据库的运算获得主轴转速和进给速度的数据。UG CAM 数据库由五个子库组成,即工件材料库、刀具材料库、刀具尺寸参数库、切削方法库和切削速度库。工件材料类型有碳素钢、合金钢、高速钢、不锈钢、工具钢、铝合金和铜合金。刀具材料分为五类:高速钢、无涂层整体硬质合金、无涂层可转位硬质合金、涂层可转位硬质合金和涂层高速钢。刀具类型有立铣刀、面铣刀、T 形刀、鼓形铣刀、UG5 参数铣刀、UG7 参数铣刀和 UG10 参数铣刀。切削方法分为四类:立铣、开槽、面铣和侧铣。许多刀具开发商和研究机构开发了计算机刀具数据管理系统(Tool Data Management,TDM),如德国 Walter 公司的 TDMeasy 软件,向用户推荐该公司的各类刀具加工不同工件材料时的切削参数。这种软件具有缩短计划时间、使调整时间和工序间断时间降至最低、减少刀具种类、促进刀具标准化、减少刀具库存以及对刀具订货进行控制等功能。

我国从 20 世纪 80 年代开始进行数据库的研究。其中,成都工具研究所、南京航空航天大学、北京理工大学、西北工业大学、山东大学、天津大学和哈尔滨理工大学等单位在金属切削数据库方面开展了一系列研究应用与推广工作,并取得了突破性的成果。

成都工具研究所在 1987 年成立了我国第一个试验性车削数据库 TRN10,又于 1988 年从当时的德国引进了 INFOS 车削数据库软件,并加以改进,向国内推出其修订版的 AT-

RN90E 数据库软件。随后成都工具研究院又继续开发并推出了车削数据库软件 CTRN90V1.0,1991 年和 1992 年又分别推出了 CTRN90V2.0 和 CTRN90V3.0,后来又开发了 CTRN90V2.0 和 CTRN90V3.0 的网络版。

1986 年,南京航空航天大学的张幼桢对建立金属切削数据库的若干问题进行了探讨,许洪昌等对金属切削数据库又进行了更深一步的研究[7],开发出了切削数据库软件系统 NAIMDS 和切削数据库系统 KBMDBS。西北工业大学的李海滨、刘雁等人开发了 14 种常用钛合金的车削数据库系统。山东大学的刘战强、武文革、万熠等人建立了高速切削数据库、陶瓷刀具切削数据库及模具切削加工数据库。相克俊等人开发了混合推理的高速切削数据库系统[8],该系统在 ASP. NET 环境下开发,数据库模式采用 B/S 模式,推理机制为规则推理和实例推理相结合的混合推理机制。客户端与服务器的通信通过 Micosoft Internet 信息服务(IIS)和 ASP. NET 应用程序来实现,如图 1 - 1 所示。天津大学的王太勇、刘秋月等人建立了针对汽车厂家使用的金属切削数据库。上海交通大学的凡孝勇建立了回转体刀具切削数据库。哈尔滨理工大学的刘献礼等人开发了 PCBN 刀具切削数据库。西安工业大学的白瑀等人开发了基于实例推理的发动机叶片切削参数数据库[9],这种数据库通过工件的类型、工件加工面特征、加工要求、工件材料类别等参数信息对加工实例进行描述,其结构如图 1 - 2 所示。

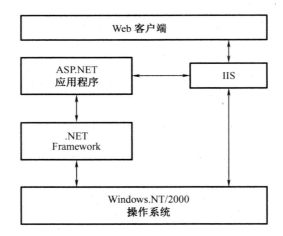

**图 1 - 1　ASP. NET 环境下数据库系统开发**

随着 Internet 技术的飞速发展,以网络为中心的信息服务日益得到人们的重视,而"www"技术是现代 Internet 上发展最快的领域。从国内外制造企业技术的发展来看,无一不是围绕着全球网络化这一主题展开的。网络数据库是现代信息服务的基础,传统的金属切削数据库已经不能适应多车间、跨地域传递切削数据的需要。

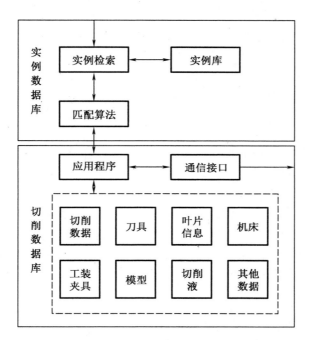

图 1－2 切削参数及数据库系统结构

华南理工大学的蒋亚军、李旭宇等人开发了"基于客户/服务器(Client/Server)模式的金属切削数据库",改变了以往大型机的集中式结构和微机局域网的文件服务器结构,将数据库技术推向了网络化。北京理工大学的赵文祥等人建立了硬质合金刀具切削数据库系统[10]。

陈天全等人建立了基于 B/S(浏览器/服务器)模式的网络数据库并将该技术应用到切削加工领域,将专家系统与数据库相结合开发了新模式的网络切削数据库专家系统,能够满足网络环境下信息共享、跨平台的需要。

## 1.2.2 云计算技术的研究现状

云计算(Cloud Computing)是近年来快速发展起来的一种信息技术,其特点包括以下三点。

①云计算提供了可靠的、安全的数据存储中心,用户不用担心数据丢失、软件更新、病毒入侵等问题。在云端,有专业的团队来管理信息,有先进的数据中心来保存数据,用云安全技术来保证这些数据的安全性。

②云计算对用户端设备的要求低,使用起来也方便,用户只要有一台以上可上网的电

脑,就可以在浏览器中直接编辑存储在云端的文档。

③云计算实现了异地处理文件、不同设备间的数据与应用共享,在云计算的网络应用模式中,数据只需要一份,保存在云端,所有符合权限的电子设备,只要连接到互联网,就可以同时、多人、不同地点地使用同一份数据。

云计算颠覆了传统的商业模式,它把计算和数据分布在大量的分布式计算机上,从而使计算和存储获得很强的可扩展能力,并方便用户通过多种方式接入网络以获得以在线方式提供的应用和服务。

云计算是分布式计算(Distributed Computing)、并行计算(Parallel Computing)和网格计算(Grid Computing)的发展。

目前,亚马逊、微软、谷歌、IBM、英特尔等公司提出了关于开发云计算技术的"云计划"。亚马逊提出了 AWS(Amazon Web Services),IBM 和谷歌联合进行制订了"蓝云"计划等。谷歌同华盛顿大学和清华大学合作,启动了云计算学术合作计划(Academic Cloud Computing Initiative),对云计算进行了研究。卡耐基梅隆大学等对数据密集型的超级计算(Data Intensive Super Computing)进行了研究。

Foster 等提出了 Internet 计算的三角模型[11],即 Internet 计算将主要集中在数据、云计算以及客户端计算;Buyyaa 等提出,云是包括大量相互联系的虚拟机的并行分布系统,基于服务水平协议,一个或者多个虚拟机可以作为统一的计算资源动态地提供和展示[12];Luis 等提出,云是一个易于利用和访问的大型的虚拟资源池,可根据变化的负载规模对资源池中的资源进行动态配置[13];刘鹏提出,云计算将计算任务分布在大量的计算机构成的资源池中,用户按照需要获取计算力、存储空间和信息服务[14];陈康等提出,云平台可按照需要进行动态部署、配置以及取消服务等[15]。

### 1.2.3　高速切削数据库存在的问题

(1)切削数据的采集与更新

目前,各类切削数据库的切削数据主要来源是以实验室的切削数据为主,虽然这些数据是系统的、可靠的,但是获得这些数据却需要很大的经济投入。随着社会的发展和技术的进步,生产现场的直接加工数据,应该作为切削数据库的主要数据来源。这就需要数据库的数据应该面向生产现场,按照生产现场的数据要求规划数据库功能及数据库当中切削数据的结构。

(2)推理机制的合理性

目前的智能型切削数据库主要采用规则推理、人工神经网络、实例推理等推理机制,规则推理很难实现知识的自动更新,而人工神经网络必须在给定的训练环境下才能发挥作用,改变了加工环境,需要重新训练神经网络,所以基于这两种推理规则的数据库的智能性大都是静态的,没有实现规则知识的自学习。而基于实例推理的数据库,在确定权重时普遍采用主观赋值法,影响了实例推理的可行性和客观性。因此,需要建立合理可行的推理机制,来实现数据库系统的智能化。

（3）切削数据库规模化、网络化、数据跨平台信息共享难于实现

数据库系统多采用关系型数据库系统（RDBMS）,关系型数据库系统面临越来越多的困境与挑战。首先,关系型数据库难以应付不可预知的应用和低成本扩充的需求;其次,关系型数据库难以支持在任何地点通过任何设备访问数据的需求;再次,关系型数据库存在难以离线应用、通过客户端设备难以实现更好的用户体验、应用与业务处理有延迟等问题;最后,关系型数据库难以实现在本地存储和处理复杂数据类型、提供各种完整数据服务以及敏捷地应用开发与部署。因此,需要采用云计算/云制造技术来实现数据库的规模化和资源共享。

# 第2章 高速切削加工单元信息建模和数据库系统功能结构设计

数据库是存储在计算机内的有组织、有结构的数据的集合。数据是描述事物的符号记录,布局传递可以进行产品的宏观传递,比如产品参数的传递、空间基准位置关系的传递[16]。对数据库建模方法进行研究,是为高速切削数据库系统的建立提供建模依据和建模方法,并在此基础上,建立高速切削数据库系统的体系结构,实现数据库的高效性和合理性。

现代集成制造系统是一个整体系统,它将产品设计、制造工程和生产车间自动地连接起来。其进化模式经历了硬件集成、应用集成和功能集成的过程。在组织结构由硬件集成向功能集成转化的过程中,集成实现变得越来越困难。功能集成主要指功能校验、过程优化和控制智能。而系统解决问题的能力在很大程度上取决于它们拥有知识的质量和数量。因此,如何有效地存储、管理、组织、维护和更新大规模的知识,如何有效地利用存贮的知识进行推理和问题求解将直接影响智能系统的性能。知识库建模方法的研究将有助于指导知识库的建立,加快智能系统的开发。

## 2.1 制造单元资源描述

### 2.1.1 IDEF 和 UML 建模方法

为实现制造单元的独立运行、并行决策、分布控制及对外界扰动灵活响应和自适应调整,要求正确划分知识单元,构建相应的工程知识库。知识单元是指相对独立的、能够根据特定领域的知识来描述和解决问题的实体。机械工程知识单元的划分,取决于机械制造单元。然而,随着先进制造技术的不断发展,成组技术、虚拟技术、网络技术、智能体等新技术的不断涌现,机械制造单元也在不断变化。从加工过程相对封闭的制造单元,如数控加工单元、柔性制造单元、独立制造岛,发展为支持敏捷制造的可编程重组的模块化加工单元,以及全能制造中独立、自治的全能制造单元。

任何先进制造理论和制造模式都离不开实际的生产转换过程。制造过程决定了生产性能指标,如生产成本、产品质量、交货期、库存水平、制造柔性等,因此,机械加工的最基本单位便成为联系一切的纽带。

现在广泛采用的建模方法主要有 IDEF ( Integrated DEFinition ) 和 UML( Unified Modeling Language )。它们分别产生于结构化的分析与设计和面向对象的分析与设计。

IDEF 包括 IDEF0, IDEF1, IDEF2, IDEF1X, IDEF3, IDEF4, IDEF4C++ , IDEF5 等。其中 IDEF0 描述系统的功能活动及其联系,建立功能模型。IDEF0 的基本表示如图 2 – 1 所示; IDEF3 可以以人们习惯的表达方式获取真实世界中的过程和事物,建立过程模型。IDEF3 的基本表示如图 2 – 2 所示。

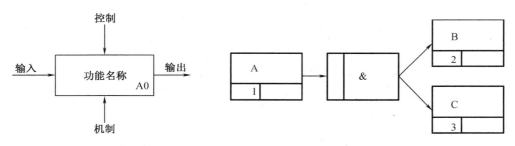

图 2 – 1　IDEF0 的表示图　　　　　　图 2 – 2　IDEF3 的表示图

UML 是用来构造软件的标准建模语言,为软件系统中的各个构件提供了可视的规范化描述[17]。用例是一个描述系统、系统环境以及它们之间如何关联的模型。参与者、用例和连接线共同组成了用例模型,如图 2 – 3 所示。

类( Class)是对一组具有相同属性和行为的对象的一个抽象描述。类的表示如图 2 – 4 所示。

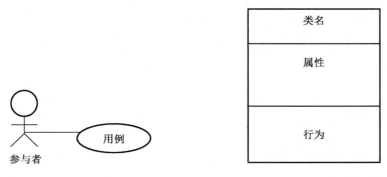

图 2 – 3　UML 用例模型图　　　　　　图 2 – 4　UML 类的表示图

### 2.1.2　高速切削实例参数模型

系统模型的参量划分粒度较大,而 IDEF0 模型主要是为了功能描述,没有过程参量。为了正确地构建实例,根据实例的特点,将工件条件和解决方案相结合,本书提出了一种新的实例参数模型,将参量划分为四类,即非控制参量、控制参量、过程参量和输出参量,如图 2-5 所示。各个参量的含义如下。

非控制参量:是指不能改变该参量的数值,而获得输出参量,如工件材料、毛坯状态等参量。

控制参量:是指可以改变该参量的数值,而获得输出参量,如刀具、机床等参量。

过程参量:是指系统过程中表现出来的参量,如切削力、温度等参量。

输出参量:是指经过加工过程后,非控制参量和控制参量的作用结果,如加工精度、刀具寿命等参量。

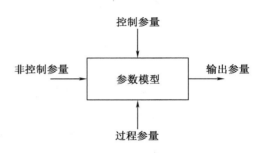

图 2-5　高速切削实例参数模型图

### 2.1.3　高速切削加工单元模型

高速切削加工过程中,伴随着一系列物理现象的发生,如产生切削力和切削热、刀具磨损和破损、已加工表面硬化和残余应力的产生等。根据切削过程中各参量的特点和工艺规划要求,采用图 2-5 所示实例参数模型将参量分为非控制参量、控制参量、过程参量和输出参量,这些参量构成高速切削加工单元,如图 2-6 所示。

非控制参量描述待加工工件的信息,控制参量描述加工条件和加工参数,过程参量描述加工过程中的状态变化,输出参量描述加工要求。

在工艺规划中,需要根据非控制参量(工件材料、工件形状、工件状态),在满足约束过程参量(振动、切削力、切削温度、刀具磨损)的条件下,在高速切削过程中合理地选择控制参量(机床、刀具、刀具结构和几何参数、切削介质、切削用量),从而获得满足工件要求的输出参量(加工精度、加工表面质量、刀具寿命、切屑)的目的。

其中,过程参量作为约束条件,在工艺规划制定的过程中,工艺人员可以根据工艺知识和经验,针对过程参量的影响因素采取相应的措施,来满足这些约束条件。

过程参量的影响因素分析如下。

1. 振动参量

引起振动的主要因素有:机床、刀具、夹具的刚性不足,旋转主轴-刀具系统不平衡,加工方法选择不当,切削用量选择不合理等。这些因素使激振频率与系统的固有频率相近,

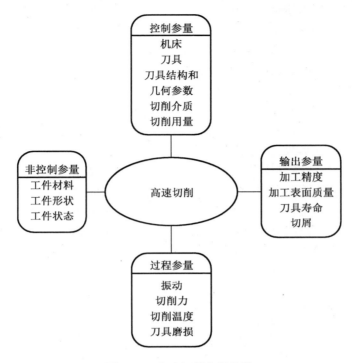

**图 2-6　高速切削参量分类**

从而产生振动。振动的产生,不仅加速刀具磨损,影响刀具的使用寿命,而且还影响加工精度和表面质量。因此,在满足功率的情况下,从振动因素考虑,机床要有足够的刚性、高阻尼特性和主轴 - 刀具系统的平衡品质。

2.切削力参量

高速切削时,切削力起初随切削速度的增加而升高,但达到某一临界速度值后,随着切削速度的继续增大,切削力反而下降[17]。刀具材料与工件材料的不同匹配,即使在相同的切削条件下,也有不同的临界切削速度。因此刀具材料与工件材料的性能匹配是否合理是高速切削刀具材料选择的关键依据,要根据刀具材料与工件材料的力学、物理和化学性能选择切削刀具材料,从而满足切削力约束条件,获得良好的切削效果。

3.切削温度参量

切削温度不仅对刀具磨损和破损有直接影响,而且对加工精度和表面质量也有影响。切削温度的高低不仅取决于热源区产生热量的多少,而且还取决于散热条件的好坏。切削热的直接来源是高应变率的变形以及切屑与刀具、工件与刀具之间的高速摩擦行为,切削热由切屑、工件、刀具和周围介质(如空气、切削介质)传散出去。切削用量三要素对切削温度的影响不同,其中,切削速度对切削温度的影响最大,进给量对切削温度的影响较小,切削深度对切削温度的影响最小[18]。影响散热条件的因素有工件材料的导热系数、刀具材料的导热系数。改善散热条件的有效方法是采用切削介质,此外,刀具主切削刃与工件接触长度增加,使散热通道加长,也可以改善散热条件。

4. 刀具磨损参量

刀具磨损一般用刀具寿命来衡量。高速切削时应根据加工方法和加工要求来确定合理的刀具寿命。影响高速切削刀具磨损和破损的因素较多,工件材料与刀具材料性能的匹配、切削方式、刀具几何形状、切削用量、切削介质、振动等对刀具磨损和破损等都有显著影响,高速切削时应合理选择刀具半径补偿功能,采用较优的数控编程方法[19,20]。切削用量三要素对刀具寿命的影响不同,其中,切削速度对刀具寿命的影响最大,进给量对刀具寿命的影响次之,切削深度对刀具寿命的影响最小。提高刀具寿命的主要方法有:选择合理的切削用量和几何形状,合理地使用切削介质。切削介质主要用来降低切削温度和减少切削过程的摩擦。

## 2.2　高速切削数据库系统信息建模

根据对加工过程中切削参量的分析,以及工艺参数的选择流程,按照 IDEF 建模方法,采用 UML 标准建模语言,本书确定了加工实例的信息模型,如图 2-7 所示。这些信息包括机床、刀具、切削用量和刀具的几何参数。

机床的选择主要考虑工件的最大尺寸、加工精度和加工方法。刀具的选择主要考虑工件的材料、毛坯热处理状态和材料硬度。切削用量的选择主要是根据工件材料、刀具材料和加工精度。刀具几何参数的选择主要是根据工件材料、刀具材料、加工精度和工件刚性。

采用这种信息模型,通过加工实例对制造单元进行描述,使高速切削制造单元有机地联系起来,改变了制造单元之间相互独立的状况。同时,加工实例能够完整地表达产品的制造信息,有助于把加工过程中相对封闭的制造单元,如数控加工单元、柔性制造单元、独立制造单元,发展成为支持敏捷制造的可编程重组的模块化加工单元,以及全能制造中独立、自治的全能制造单元。

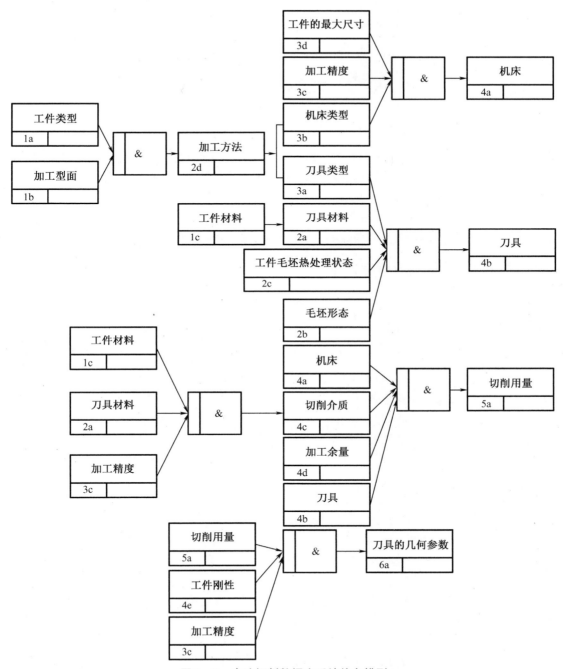

**图 2 - 7　高速切削数据库系统信息模型**

# 2.3　集成制造参考模型和高速切削数据库系统的体系结构设计

目前,很多新的制造模式(如并行工程、精益制造、敏捷制造、虚拟制造等)被提出并得到了广泛的应用。这些来自于集成制造思想的模式提供了许多技术优势,如增加过程的柔性、减少库存、减少工作空间、快速响应市场需求、缩短供货时间以及在设备生命周期里生产更多的产品。但是这些集成制造的实现大多停留在信息和资源的集成上,还不能进行功能上的集成,因此建立一个合理高效的、能够实现功能集成的参考模型就变得非常重要。

## 2.3.1　计算机集成参考模型

参考模型是指这样一个通用模型,由该模型可以建立其他的模型,或者说可以作为一个样板用来指导其他模型的构建。参考模型通常可分为三类:主参考模型、连结参考模型和联合参考模型[21]。

### 1. 主参考模型

主参考模型是一个单一的参考模型,其他模型和实例均来自于此。如普渡企业参考体系结构(PERA)就属于主参考体系结构,它是由美国普渡大学开发的。这个参考模型用数据流图将信息和控制层次结构结合在一起,作为一个新的实现层次结构来描述 CIM 系统的体系结构、任务和实现。这个参考模型包含了组成企业功能集的一般描述。这种模型局限于制造的自动化,并将人工干预的功能作为外部实体。PERA 体系结构如图 2 - 8 所示。

### 2. 连结参考模型

连结参考模型的元模型在各个模型之间转换。计算机集成制造开放系统结构(CIMOSA)就属于连结参考模型。这种模型是由 AMICE(the European CIM Architecture Consortium - a backward acronym)开发的。CIMOSA 作为一个体系结构,目的是为了提高企业的运行效率。CIMOSA 的范围涉及指导整个企业的设计和执行,包括开发、生产、市场、财务和管理等方面。参考体系结构包含两个主要的结构元素:一个是企业系统构造模块,另一个是物理系统构造模块。前者用于采集企业需求,后者规范实现企业功能的基本能力需求[22]。

CIMOSA 的独特之处在于从四个方面三个模型层次定义企业的集成模型。这四个方面是功能、信息、资源和组织。三个模型层次是需求定义模型、实现描述模型和设计说明模型。多视角和多层次定义企业集成模型的好处在于可以用增量模式去完成实现。但是CIMOSA方式的根本目标在于在企业中实现跨功能单元的信息集成,并没有具体的计算机

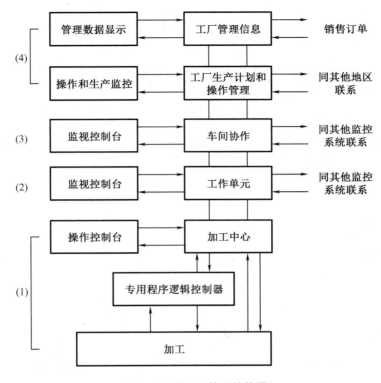

图 2 - 8　PERA 体系结构图

建模方法。CIMOSA 体系框架结构如图 2 - 9 所示。

3. 联合参考模型

联合参考模型的模型之间存在松散的耦合和后期绑定。产品 - 资源 - 订单 - 人员体系结构(PROSA)属于联合参考模型。制造系统的智能体参考体系结构是由德国 PMA - KULeuven 开发的。该体系结构包含了三种基本的智能体,即资源智能体、产品智能体和订单智能体[23]。每一个智能体的智能体类型对应于制造系统的不同任务。智能体之间各自交换加工知识、产品知识和加工过程知识。不同级别的智能体主要集中于归类处理,不同功能的智能体主要集中于专门化处理。人员智能体作为可选项为基本智能体实现它们的任务提供帮助。PROSA 体系结构如图 2 - 10 所示。

PROSA 引入了很多有重要意义的创新:系统结构与控制算法解耦,技术与逻辑解耦,它允许很多先进的混合控制算法被合并到该体系结构。这使得这种体系结构有很高的自相似性,从而减少了集成新组件的复杂性,并容易重新配置系统。根据水平自相似性,具体的订单实例、产品实例和资源实例可以用相似的同名实例进行处置。垂直自相似性避免了严

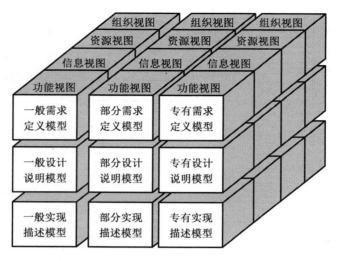

图 2 - 9　CIMOSA 体系框架结构图

格的等级层次结构。它允许单独的资源智能体隶属于几个层次。这个模型的主要缺点是很难做到对整体进行协调。

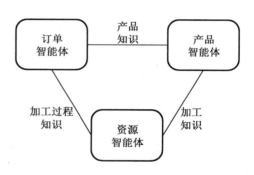

图 2 - 10　PROSA 体系结构图

通过对以上参考模型的分析,构建基于知识的参考模型应遵循以下原则。

分层建模原则:分层建模方法可以简化系统建模的复杂性。

联合模式原则:联合模式具有动态性和健壮性。

知识依赖原则:功能集成依赖于知识的集成。

功能原则:集成制造包括信息集成、资源集成和功能集成。

## 2.3.2　高速切削数据库系统的功能设计

根据上述对于制造单元信息描述的分析,对系统的功能设计如下。

1. 一般用户模块

加工实例检索:通过实例推理机制,查询与待加工问题最相似的加工实例信息,并把加工实例作为加工的建议解,制定加工问题的工艺规划。

刀具查询:查询刀具库中存储的刀具信息。

机床查询:查询机床库中存储的机床信息。

材料查询:查询材料库中存储的材料信息。

切削介质查询:查询切削介质库中存储的切削介质信息。

切削用量查询:查询切削用量库中存储的切削用量信息。

工艺规划查询:查询工艺库中存储的工艺规划信息。

2. 系统管理模块

用户管理:用户信息、权限分配管理。

数据管理:各个数据库数据的添加、更新、更改、删除等管理操作。

高速切削数据库系统的功能如图 2 – 11 所示。

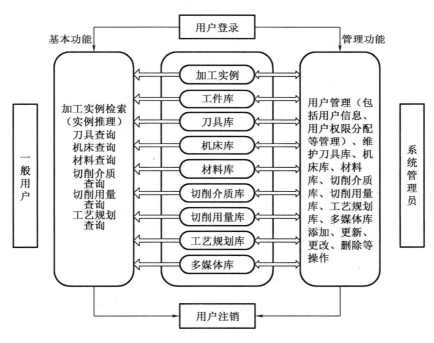

**图 2 – 11　高速切削数据库系统的功能**

### 2.3.3　高速切削数据库系统的结构设计

根据以上建模原则,本书提出了基于知识的集成制造参考模型,如图 2 – 12 所示。这种模型由三个模块和三层结构构成。三个模块分别是信息集成模块、功能集成模块和资源集成模块。三层结构分别是物理层、逻辑功能层和应用层。物理层包含所有的物理装备和设备,逻辑功能层是具有确定功能的逻辑功能单元,应用层是具有人和制造系统联系接口的软件系统。这三层结构通过信息集成和资源集成联系在一起。

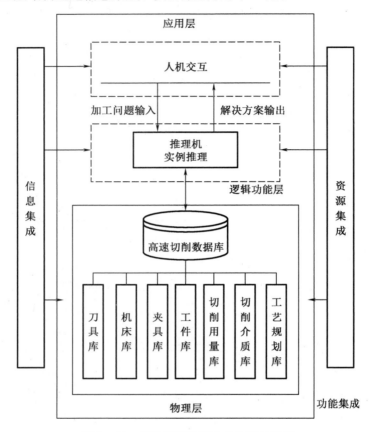

**图 2－12　高速切削数据库的体系结构图**

　　这种模型实现了信息、资源和功能的集成。信息集成是指人、设备和程序之间的数据交换,资源集成是指状态数据和技术参数的互相共享,功能集成是指功能校验、过程优化和控制智能。

　　本书分析了 CIM 参考模型,根据高速切削加工的特点,提出了基于知识的集成制造参考模型,并给出了模型的实现方法;提出了制造单元资源描述模型和实例的参数模型以及工程知识库的建模方法,按照这些建模方法构建了高速切削数据库系统的体系结构。本书的主要结论如下。

　　①构建基于知识的参考模型方法应遵循以下建模规律:分层建模方法简化了系统建模的复杂性,联合模式具有动态性和健壮性,功能集成依赖于知识的集成,集成制造包括信息集成、资源集成和功能集成。

②系统采用基于知识的集成制造参考模型,该模型由三个模块和三层结构构成。三个模块是指信息集成模块、功能集成模块和资源集成模块。三层结构是指物理层、逻辑功能层和应用层。物理层包含所有的物理装备和设备,逻辑功能层是具有确定功能的逻辑功能单元,应用层是指具有人和制造系统联系接口的软件系统。三层结构通过信息集成和资源集成联系在一起。

③信息集成通过 STEP – NC 实现,资源集成通过 Web service 实现,功能集成需要依靠知识的集成,通过切削数据库的加工知识实现资源和知识共享并实现功能集成。

④加工单元资源描述模型:为了描述制造单元资源,将用例图和类图相结合来表示制造单元资源,其中,用类图来代替例图中的参与者,实现制造单元资源的描述。

⑤系统模型的参量划分粒度较大,而 IDEF0 模型主要是为了功能描述,没有过程参量,因此根据实例的特点,需要对加工条件和解决方案进行结合,对 IDEF0 模型做了改进,将参量分为四类,即非控制参量、控制参量、过程参量和输出参量,按照这四类参量构建了实例参数模型。

⑥建立了高速切削数据库系统的体系结构。在分析高速切削加工系统的基础上,采用实例参数模型,对高速切削加工的各个参量进行了分类,并给出了高速切削数据库系统的功能模型和高速切削数据库系统的过程模型,建立了高速切削数据库系统的体系结构,规划了高速切削数据库的功能。

# 第3章 加工单元的实例推理机制研究

在高速切削过程中,切削工艺的合理与否制约着工件的加工质量和加工效率,也制约着加工成本。采用高速切削技术生产的产品(例如汽车零件、航空发动机零件和淬硬钢模具)往往具有精度高、结构复杂、成品率低和加工效率低等特点,并且在加工的过程中常常遇到各种工艺难点问题,因而对切削工艺要求更高。面对新的加工问题,如果能够充分利用以往的加工经验,就能制定出合理的加工工艺,提高加工质量和加工效率、降低加工成本。如何从数据库当中找到与新加工问题相似的实例,并且把相似实例检索出来提供给工艺人员,成为本章研究的重点内容。

## 3.1 相似定理和模型定律

系统之间的相似主要有几何相似和物理相似两种形式。两个系统几何相似是指这两个系统中相对应部分的长度保持相同的比例。例如,$\Delta ABC$ 与 $\Delta A'B'C'$相似,它们的对应边长度保持相同的比例,即

$$\frac{AB}{A'B'} = \frac{BC}{B'C'} = \frac{CA}{C'A'} = m$$

几何相似的概念可以推广到物理量相似。两个现象物理相似是指现象的物理本质相同,且各对应点上和各对应瞬间与该现象有关的各同名物理量都分别保持相同的比例,亦即各对应点上与该现象有关的各同名物理量保持相似。例如,时间相似是指两个系统中对应的时间间隔保持相同的比例,力相似是指两个系统对应点上的作用力方向一致、大小保持相同的比例,温度相似是指两个系统对应点的温度保持相同的比例等[53]。

相似系统服从相似三定理。

**相似第一定理** 彼此相似的现象其相似准数的数值相同。

**相似第二定理** 一个包含 $n$ 个物理量 $G_1, G_2, \cdots, G_n$(其中 $k$ 个物理量具有独立的量纲)的物理方程可转化为 $m = n - k$,由这些物理量组成的无量纲数群(指数幂乘积)$\pi_1, \pi_2, \cdots, \pi_m$ 之间的函数关系为

$$f(G_i) = 0 \Rightarrow \varphi(\pi_j) = 0 \quad i = 1, 2, \cdots, n; \quad j = 1, 2, \cdots, m$$

**相似第三定理** 凡同一类现象,当单值条件相似,且由单值条件中物理量所组成的相似准数在数值上相等时,则现象必定相似。

**模型定律** 相似现象中的各有关物理量必须服从一定的物理定律,它们之间受一定的

关系方程约束,因此各有关相似常数之间也存在一定关系。相似常数之间的这种函数系统称为模型定律[24]。

　　根据相似第三定理和模型定律可以得出如下结论,即如果两个切削过程中的切削条件(包括非控制变量和输出变量)相似,那么这两个切削过程所采用的切削参数(包括控制变量和过程变量)必定相似。

# 3.2　产品配置的理论和方法研究

　　配置设计是指在一系列已设计的零部件中寻找、组合出满足一定要求、符合一定约束的产品的设计方法和过程。它能对基于产品设计的各个模块实现有效利用,在提供大量外部多样性的同时尽量降低内部多样性,从而保证对现有设计的充分再利用,以最快的速度和最低的成本来满足客户的个性化需求。

　　可配置产品是指产品的组件、组成产品的策略是预先定义好的,通过策略对组件进行组合(组件集合),得到产品所有可能的产品个体,这些产品个体能向用户提供预先定义好的功能,如果采用不同的策略进行组合,就可以得到不同功能的产品个体,具有这种功能的产品称为可配置产品,可配置产品如图 3－1 所示。

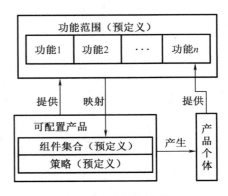

图 3－1　可配置产品

　　设计模块化是指对一定范围内的不同功能或相同功能不同规格的产品在进行功能分析的基础上,划分并设计出一系列功能模块,通过选择和组合不同模块构成不同的产品以满足市场需求。模块化设计能够缩短产品开发周期,快速响应市场变化,有利于产品的维修、升级和再利用,方便企业和产品的重组,相对延长产品生命周期,节省设计成本。随着市场需求变化的发展,它已经成为配置设计的重要基础,是大规模定制的关键技术之一。模块是模块化设计的研究对象,是一种具有相同功能和相同结合要素,具有不同性能或用途,但能互换的单元。一个部件结构成为模块的条件是,部件的功能、空间等特征存在于模块化产品的标准接口允许范围内。模块划分通常采用多种划分方式的组合,首先是功能模块化划分,然后是原理模块化划分和结构模块化划分。基本的功能单元又由一套基本的原理模块来实现,基本的原理模块可映射出基本的结构模块,形成功能－原理－结构模块库。这些基本模块随着企业的发展可以不断扩展,而且可能会产生模块划分冲突。所以,必须考虑模块划分的主次。

进行汽车产品模块划分时必须考虑以下要求:在设计和制造中要有较高的复用性,以便形成批量生产、降低成本;合适地划分汽车产品,有利于组合变型,又不增加零部件管理的工作量;考虑设计模块在产品的设计、制造、销售、维护中的经济性和便利性。

通过以上阐述不难看出,模块化设计具有如下意义:

①产品的模块化能够减少产品设计时间,降低产品设计成本,同时模块分离可以使企业在同一时间内制造各个模块,从而缩短产品的交货期。

②产品的模块化能够使新产品的质量得到充分的保证。设计新产品时,尽量直接采用以往使用的具有成熟技术的模块,或者在原有模块上进行变型设计,各部门可以专注于特定模块的设计和制造,因此能有效地提高产品质量。

③产品的模块化设计能够满足用户的多样化需求。产品由不同模块组成,用户的个性化需求可以通过不同模块的组合得到。

### 3.2.1 产品配置原理、方法及流程

产品配置是以客户需求为输入,在配置模型基础上通过一定推理机制,对产品模型功能、性能、结构参数进行选配,以局部零部件功能和结构、尺寸的相应变化来快速设计满足客户需求的产品,最终输出结果的设计活动。其实质是在一系列已设计好的零部件中寻找、组合出满足一定要求、符合一定约束的产品设计方法和过程。被配置的产品既要由定义的集合实例装配而成,又要以预定的方式相互作用。这样,选择和排列满足给定要求的零部件就成了设计的核心任务。图3-2表示了基于PDM的汽车产品配置原理,首先要输入用户需求参数,其中包括产品平台参数和配置模块参数,根据产品平台参数选择相应的平台,在此基础上根据配置模块参数,调用规则库中的规则,从PDM数据库中快速地选择、创建、修改与配置参数相符的模块,把相应的模块结构实例化到产品结构树上,再把模块相关的设计信息、工艺信息、装配信息都链接到新产品中。

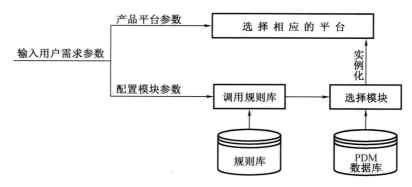

图3-2 产品配置原理示意图

根据知识表达方式和推理机制的不同,产品配置技术共分为基于特征的产品配置、基于模型的产品配置、基于规则的产品配置和基于实例的产品配置四种配置知识表达和求解方法。其中,基于模型的产品配置方法又有三种不同的类型:基于约束的产品配置、基于资源的产品配置和基于逻辑的产品配置。产品配置方法具有不同的内容和优缺点,见表3-1。

表 3-1　产品配置方法比较

| 配置方法 | | 主要内容 | 优缺点 |
|---|---|---|---|
| 基于特征的产品配置 | | 这种方法为产品族定义几个相互独立的特征,在用户订单输入时,由客户从每个特征中选择一个选项,进行产品配置 | 优点:直观、简单<br>缺点:应用面窄,在具有少数离散选项时适用 |
| 基于模型的产品配置 | 基于约束的产品配置 | 这种方法通过隐性的产品知识表达,把配置问题表示为约束满足问题或动态约束满足问题,通过求解该问题得到配置产品 | 优点:易于维护,准确性高<br>缺点:缺乏直观性,效率不高 |
| 基于模型的产品配置 | 基于资源的产品配置 | 部件和环境都表现为抽象的资源,系统提供的模型给出每个部件产生使用、消耗资源的数量和类型,配置的目标是找到一个使所有资源能达到平衡的部件组合 | 优点:通用性强,适用于实现一种功能的情况<br>缺点:对于结构、连接等部件的关系,应用受到限制 |
| | 基于逻辑的产品配置 | 多数都使用描述逻辑的方法,通过"包含"的推理机制,进行配置相关的产品 | 优点:语义清楚、逻辑简单<br>缺点:推理效率和知识表达能力相对弱些 |
| 基于规则的产品配置 | | 采用隐性的产品知识表达方法,通过判断条件的真伪,得到需要的最终产品 | 优点:直观、自然、便于推理、应用较广<br>缺点:刚性较强、必须逐步推理、维护困难 |
| 基于实例的产品配置 | | 推理知识以实例的形式进行存储,通过对以前的配置实例按照新需求调整,解决当前的配置问题 | 优点:适用面广,不需预先的完整模型<br>缺点:求解的完备性不足 |

通过表3-1可以看出,不同的配置系统具有各自的特点,为了综合发挥不同配置系统的优势,目前出现了一些综合利用几种配置方式的配置系统[25]。

在进入产品配置系统前,用户首先要进行身份的验证,用来区别用户是企业的客户还是企业内部的设计人员。一般来说,企业的客户会更关心产品是否能定制、定制的方法和结果、产品的报价等信息;企业内部的设计人员则需要对产品结构进行维护、定义产品模型、处理配置结果、提供配置BOM表和变型BOM表等,所以系统将根据不同的身份提供不同的功能、定制界面和权限等。用户的身份验证后,进入由系统根据身份不同所提供的不同定制界面,用户选择或提出对产品的定制要求,产品配置系统首先根据这些定制条件和已经在配置规则库中定义好的各项规则相匹配,判断是否能利用现有零部件配置产品,若定制条件完全满足配置规则,系统会给出产品的配置BOM表,利用参数化CAD软件进行预装配,并向用户展示配置结果,同时还将给出产品配置结果相应的报价。如果用户对配置结果认可,则将配置BOM表传给相应的部门进入生产准备阶段,若用户对配置结果不认可,可再返回到产品配置系统修改相应的定制条件或配置参数。当配置规则不能满足某些定制条件时,系统将列出需要变型设计的BOM表,进入变型设计系统,如图3-3所示。

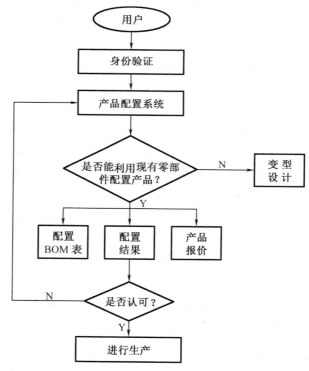

图3-3 产品配置流程图

### 3.2.2　产品配置规则

在配置产品时,由于采用了按变量配置规则使得"面向订单"的思想更加容易实现[26]。在汽车产品的生产中,产品的型号可以由几个关键参数决定,不同型号的产品之间存在很多共同的组件,不管最终产品属于哪个型号,都必须安装这些组件,这种不同组件所依赖的几个关键参数构成了变量。例如,汽车的发动机,可以选用国产件,也可选用进口件。在产品定义信息中如果把"产地"作为该零部件的一个变量,这个变量就有"国产"和"进口"两个不同取值。当用户配置产品时,可以按照变量取不同的值来确定某个具体的产品结构配置,这种产品配置的方法称变量配置。

按变量进行产品配置时,需要考虑几个基本对象:变量、配置条件、配置规则。进行配置的关键参数称为变量,例如汽车发动机的型号、功率等。变量的取值范围称为配置条件,而配置规则是指配置条件的逻辑运算法则,通常采用多种逻辑运算法则,可以是" = "" < "" > "" < >""Like""AND""OR"等(其中"Like"是指带有统配符变量值的逻辑运算符),也可以用多种逻辑运算综合配置的法则。变量既可以是字符型,也可以是数字型、日期型和逻辑型等。

一个零部件可能有不同版本,在版本产生过程中又有不同状态,如新建状态、检入状态、检出状态、发布状态、冻结状态等。当新建一个对象时,数据库中增加了一条记录,该对象处于新建(New)状态。当设计人员完成编写后,将对象检入到电子仓库,此时该对象处于检入(Checked in)状态。当需要修改对象时,把该对象从电子仓库中检出,该对象此时就处于检出(Checked out)状态,其他用户在此时则不能对该对象进行再次检出。零部件通过审核批准即进入发布(Released)状态,在发布状态中,又分为设计发布和制造发布等状态。设计发布是指零部件的结构合理,并且得到了审核批准。制造发布是指某种零部件的工艺合理性和制造合理性已得到审核批准。冻结(Obsolete)状态是指该对象已经作废或者定版,不允许对该版本升级或者再次修改。如图 3 - 4 所示,按照版本所处的状态进行配置,把符合版本配置状态的零部件选择做具体的产品结构,从而满足客户需求。一般情况下,企业都是按照已发布的最新版本进行配置或按照已经发布的所有版本进行配置,有时企业为了临时加快设计速度,或者为了对不同的产品结构进行比较,也可以利用处于工作状态的版本进行配置。

在进行产品配置时,由于零部件的供应商、安装方式、性能、价格等不同,可能存在着不同的版本,各个版本的有效时间可能不同,所以必须建立有效性配置。

有效性规则是指对配置模型中零部件有效性的定义和限制,它包括了结构有效性规则、版本有效性规则、时间有效性规则和序列号有效性规则。其中,结构有效性是指零部件在某个具体的装配中是否存在;版本有效性是指配置零部件的版本状态,如设计、提交、发

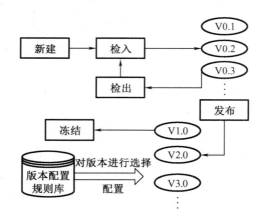

**图 3 - 4  版本配置规则图**

放、冻结等是否有效;时间有效性是指根据零部件各版本的有效时间来确定具体产品结构中是否选择该零部件;序列号有效性则是检查配置对象对某一系列产品的可使用性,该对象的序列号可以确定该产品是否有效。而配置项数据类型可以是字符型、数字型或者它们的组合。

在进行产品配置时,常用的就是以上的三种配置规则,根据这些规则就能对具体的产品进行配置,既可对单一产品配置也可对系列化产品进行配置。

模板配置是指对非系列化产品中涉及的不同版本的零部件、结构可选件、互换件、替换件,按照配置规则进行选配,它是产品配置中较简单的一种情况,又称为单一产品配置。以汽车产品为例,其模板配置的结构如图 3 - 5 所示。汽车由不同的零部件组成,部件又可细分为具体的零件,由于生产厂家的不同,汽车产品结构具有不同版本,某个具体零件可能与其他零件存在替换关系或互换关系,构成替换件或互换件,虽然它们都有更换的意思,但在应用的范围上还是有区别的。替换件只是在某产品的特定范围内有效,超出这个范围是无效的,而互换件则可超出某一产品具体的范围,可以用于多种不同的产品中[27]。

零件 2 的结构选项 Opt1 的取值在表 3 - 2 做了规定,Opt1 的数值表示零件 2 在产品中的数量,并列出结构选项的有效时间。表 3 - 3 表示图 3 - 5 中零件 3 的配置项 Cfg1 的各个版本的有效时间配置定义,只有按照配置项的时间特性进行配置,才能够确定某特定时间与产品特定的结构相对应的关系。

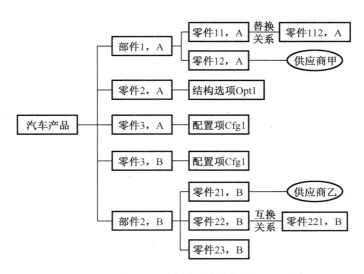

图 3 – 5　模板配置结构图

表 3 – 2　零件 2 结构选项有效时间配置定义

| 零件 2 的结构选项 Opt1 值 | 起始时间 | 结束时间 |
| --- | --- | --- |
| 0 | NULL | 2006.10.26 |
| 1 | 2005.11.2 | NULL |

表 3 – 3　零件 3 版本有效时间配置定义

| 配置项／版本 | 起始时间 | 结束时间 |
| --- | --- | --- |
| Cfg1 ／ A | 2004.10.12 | 2006.9.8 |
| Cfg1 ／B | 2005.4.6 | NULL |

样板配置是指对系列化产品按照配置的思想进行有效的管理,又称为系列化产品配置。在市场经济下,如果企业开发的某一产品投入市场后,能收到一定的效益,受到客户的欢迎,企业觉得有很大的市场潜力,就会为了缩短产品开发时间,对市场需求做出快速的反应,要求在原产品的基础上做变型设计,生产满足不同层次用户需要的、具有不同功能的系列化产品[28]。因此,在产品配置设计过程中,将产品类作为研究对象,建立零件的产品类结构树,通过对产品类结构树实施变量配置,已经成为系列化产品配置重要的方法之一,被广泛应用于配置过程。

汽车产品结构复杂,配置过程繁琐,现以其发动机总成为实例,说明一下系列化产品配置的方法。将发动机总成作为产品类,其结构树由发动机、离合器、变速箱、支架等零部件组成,每个结构适用的场合不同。某厂生产的 DA465Q 型发动机投入市场后收到较高的效益,就在原产品的基础上设计出 DA465Q – 1 型和 DA465Q – 16MC 型发动机,当不同配置条件时,得到不同的输出结果。例如,输入的配置条件是:"离合器" = 电磁,"发动机" = 100,"变速箱" = 自动。其配置的输出结果,即汽车发动机总成的配件包括:DS380/ B 型离合器、DA465Q – 1 型发动机、F20010/B 型变速箱、0900001 型发动机安装支架,如图 3 – 6 所示。

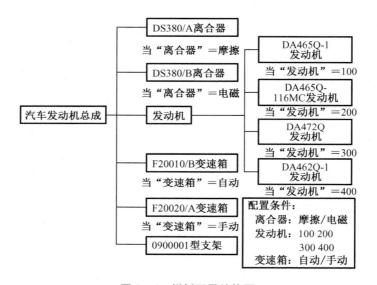

图 3 – 6    样板配置结构图

# 3.3    高速切削工艺库系统的实例推理机制

推理就是由已知的判断推导出新的判断的思维过程。推理过程包含两个判断,一个是已知判断,另一个是推理得出的新判断。问题的已知条件和相关已知定律、定理构成推理的已知判断;问题求解或证明的结果是推理产生的新判断[29]。采用合理推理方法,通过已知判断求得实用的新判断,从而解决新问题,是人工智能系统的核心问题,也是本章研究的重点。

工程中常用的推理方法有规则推理、人工神经网络、实例推理、模糊逻辑、遗传算法和混合推理等。其中常用的方法是规则推理、人工神经网络和实例推理;模糊逻辑经常与实例推理和人工神经网络联系在一起,作为值域确定和实例匹配方法;遗传算法通常作为优化和学习技术。

1. 规则推理

规则推理的知识表达式通常采用产生式。表达式为 IF < 条件满足 > ,THEN < 执行动作 > 。

规则推理的主要局限性在于不能学习和应用过去的成功经验。这就使得规则推理很难应用在精确知识表达困难的领域。对于高速切削技术来说,由于切削工艺是极为活跃的因素,不同零件的加工工艺往往具有高度个性化的特点。因此,很难用精确的知识来进行表达,在制定某一零件的加工工艺时,往往是依靠经验而不是规则,所以,在实际应用中,通常不用或者只采用一小部分规则推理。

2. 人工神经网络

人工神经网络是由大量的并行的相互作用的网络单元,按照一定的层次结构,像生物神经一样,接收并传递信息。人工神经网络与规则推理相比具有如下特点:

①通过学习样本来获得知识,人工神经网络常用在缺乏深刻研究的领域,尤其是多变量、非线性系统。

②知识是以分布式的方式存储,并不存储在网络中某一特定的单元。每一条知识均被存放在所有的单元,每个单元存放知识的很多方面。这种分布式结构需要较少的存放单元,又具有一定的容错能力。

③人工神经网络对以前没有遇到的问题也可以提供解决方案,要求问题在训练域内。由于训练数据通常来自于试验,当条件改变后,人工神经网络需要重新训练,并且训练非常费时,得到的结果却又不能完全可靠。对于特定环境的切削,采用人工神经网络方法是可以的,而对于加工条件千变万化的高速切削工艺来说,开发一个适应整个切削过程的神经网络系统是很困难的。

3. 实例推理

实例推理是指在实例库中找到与需要解决的问题最相匹配的实例。通过用过去解决相似问题的方法来解决新的问题。它与人类做决定的方式非常类似,在这个过程中,关键在于使用经验而不是规则,这正是熟练技术工人与新手的最大区别。新手通常使用规则来解决问题,但是当求解的问题非常复杂、涉及的知识广泛时,规则推理就无能为力了。此时采用实例推理是切实可行的方法。实例推理具有如下优点:

①实例推理常用在很难用规则知识表达的领域。它不需要理解为什么以前的解决方案是成功的。基于实例的推理系统可以避免规则推理所必需的知识表示过程。

②实例推理可以自动将新知识添加到知识库,从而利用这些知识来解决未来的问题。

③知识的获取相当于其他算法简单。知识获取时,只需将问题及解决方案存储下来,很容易获得初始知识。

以上推理方法都有各自的优缺点,见表 3 – 4。可以看出,实例推理方法最好。由于切削条件的纷繁复杂,难以制定出一种适合于各种切削条件的规则,因此,采用实例推理是切实可行的方法。

此外,还可以将不同的推理方式进行结合,成为混合推理,主要由神经网络和实例推理的结合,遗传算法和实例推理的结合及规则推理和实例推理的结合等,其中以规则推理和实例推理的结合最为常见。在以规则推理和实例推理结合的推理机制中,规则推理往往只占很少的一部分,而以实例推理为主。

表 3 – 4　智能推理方法优缺点比较

| 方法 | 规则推理 | 人工神经网络 | 实例推理 |
|---|---|---|---|
| 知识获取 | 难 | 易 | 易 |
| 学习 | 差 | 好 | 很好 |
| 开发周期 | 长 | 短 | 短 |
| 维护 | 在大系统中困难 | 容易 | 容易 |
| 解释 | 一般 | 没有 | 很好 |
| 知识主要来源 | 专家 | 数据库、专家 | 实例、专家 |

在工程领域中,常用函数式 $x_n = f(x_1, x_2, \cdots, x_{n-1})$ 来表示事物关系的量化、质化模型。自变量 $x_1, x_2, \cdots, x_{n-1}$ 可被认为与某一事物关系联结着的前提或前因,因变量即是结论或后果,亦即只要 $x_1, x_2, \cdots, x_{n-1}$ 存在,必有结论 $x_n$ 发生。

实例推理和规则推理的数学描述如下。

**定义 3.1**　若有隐式关系 $f(x_1, x_2, \cdots, x_{n-1}) = 0$ 存在,则对其任意实例 $p$ 的参数集 $(x_1, x_2, \cdots, x_{n-1}, x_n)_p$ 必有 $\left\{ \dfrac{x_1, x_2, \cdots, x_{n-1}}{\text{前提}} \Rightarrow \dfrac{x_n}{\text{结论}} \right\}_{(\text{实例}p)}$ 成立。

**定义 3.2**　若一实例 $p$ 对其参数集 $(x_1, x_2, \cdots, x_{n-1}, x_n)_p$,有 $\left\{ \dfrac{x_1, x_2, \cdots, x_{n-1}}{\text{前提}} \Rightarrow \dfrac{x_n}{\text{结论}} \right\}_{(\text{实例}p)}$ 成立,且 $p \to \infty$,则上式的连续形式 $\left\{ \dfrac{x_1, x_2, \cdots, x_{n-1}}{\text{前提}} \Rightarrow \dfrac{x_n}{\text{结论}} \right\}_{(\text{规则}f)}$ 成立。

可见,实例推理就是规则推理的必要条件,同时说明 CBR 本身即为一种模糊的方法。进一步说,CBR 是一种直觉思维方式,其本身依据是相似的问题有相似的解,只要对问题的描述正确,就可以借此思维方式由问题空间到达对应解空间的正确点。

基于实例的推理(Case – Based Reasoning,CBR)是人工智能的一种推理方法[29]。它借鉴了人类处理问题的方式,运用以前积累的知识和经验直接解决问题,可以大大减少知识获取的工作量,在一定程度上解决知识获取的瓶颈问题。CBR 来自认知科学中记忆在人们预期和决策时所扮演的角色,知识源是已经存在的实例而不是规则。因此 CBR 对于解决知识不易获取或者规则难于制定的问题具有优势。自 1982 年 Schank 在 *Dynamic Memory* 中提出 CBR 认知模型以后,这一技术在很多领域得到了应用并不断发展完善。

### 3.3.1　高速切削实例推理机制模型

高速切削实例库由航空发动机典型件实例和淬硬钢模具实例构成。实例推理由实例库、实例推理、实例评价与修正和实例存储 4 个模块构成。其中,实例库存储了航空发动机零件和淬硬钢模具的加工实例,加工人员把一个加工任务作为问题输入,通过实例推理从实例库中查找一个与当前问题匹配的实例,经实例评价,如果该实例满足问题描述中的要求,则作为结果输出,否则,对实例进行修改,直到满足要求,形成新的实例,作为结果输出,同时将新的实例存储到实例库当中,以丰富实例库的内容。实例推理的框架结构及实例推理流程如图 3-7 所示。

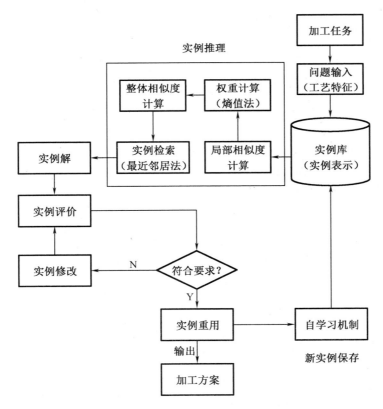

**图 3-7　实例推理的框架结构及实例推理流程图**

### 3.3.2　加工实例描述

在实例库的构建中,采用合理一致的实例表示方法将直接影响 CBR 系统的应用效率和效果。实例表示应包含问题描述和解决方案两部分,问题描述应充分表达零件的加工要求。在高速切削加工中,除了对常规的工艺进行描述,还应当根据高速切削加工过程中需要解决的重点问题,从体现高速切削技术优势的角度,对高速切削加工进行描述,这样求出的解决方案能够体现出高速切削工艺优点,满足高速切削要求。同样,解决方案必须能够反映零件加工过程中所采用的高速切削加工工艺,按照这种高速切削加工工艺,工艺人员制定的工艺规划,能解决常规切削解决不了的加工问题。

#### 3.3.2.1　加工问题的一般描述

工艺特征是在零件生产过程中,从一定抽象层次上描述零件的加工信息集或知识,是一种特定工艺属性的基本信息单元,而零件就是由一系列的工艺特征以适当的方式组合加工而成的,这些工艺特征决定了工件的加工工艺。如 2.1.3 节所述,在工艺规划中,需要根据非控制参量(工件材料、工件形状、工件状态等参量),在满足约束过程参量(振动、切削力、切削温度、刀具磨损等参量)的前提下,在高速切削过程中合理地选择控制参量(机床、刀具、切削用量等参量),从而获得满足要求的输出参量(加工精度、加工表面质量、刀具寿命、切屑等参量)的目的。因此,需要对加工实例进行分析,从非控制参量和输出参量中提取对控制参量影响较大的参量,并把这些参量作为工艺特征对加工问题进行描述。现对加工实例分析如下。

1. 实例 1——高阻尼器底座

高阻尼器底座模型如图 3-8 所示。

实例的加工条件通过非控制参量中和输出参量进行描述,选取的非控制参量中和输出参量如下。

①工件材料:航空铝合金 2024T3510。

②毛坯热处理状态:无。

③加工型面:型腔加工。

④工件形状:箱体类。

⑤加工阶段:半精加工。

⑥表面粗糙度:$Ra \leqslant 1.6$。

⑦工件尺寸:200 mm × 100 mm × 25 mm。

其中,工件材料、毛坯热处理状态、加工型面、工件形状、加工阶段和工件尺寸为非控制参量,表面粗糙度

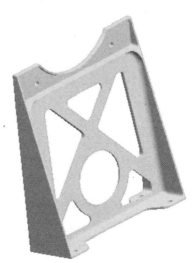

图 3-8　高阻尼器底座模型图

为输出参量。

　　加工过程中的主要切削参数,通过控制参量来描述,控制参量主要包括机床、刀具和切削用量,切削参数如下。

　　①机床:美国 CINCINNATI 机床。

　　②刀具:刀具为中航工业陕西航空硬质合金工具公司的直径为 16 mm 的硬质合金立铣刀,螺旋角 30°,3 齿。

　　③切削速度:301 m/min。

　　④进给速度:0.11 mm/r。

　　⑤切深:1 mm。

　　2. 实例 2——传扭转接盘

　　传扭转接盘模型如图 3 - 9 所示。

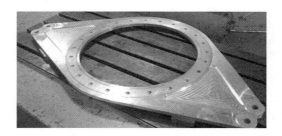

**图 3 - 9　传扭转接盘模型图**

　　该实例的加工条件如下。

　　①工件材料:铝合金 7 475。

　　②毛坯热处理状态:无。

　　③加工型面:平面加工。

　　④工件形状:平面。

　　⑤加工阶段:精加工。

　　⑥表面粗糙度:$Ra \leqslant 0.8$。

　　⑦工件尺寸:直径为 1 000 ×500 mm。

　　切削参数如下。

　　①机床:机床为 XH715 立式加工中心。

　　②具:刀体为硬质合金,直径为 50 mm,5 个齿的面铣刀。

　　③切削速度:1 500 m/min。

　　④进给速度:0.3 mm/r。

　　⑤切深:0.6 mm。

## 3. 实例 3——淬硬钢模具

淬硬钢模具模型如图 3 - 10 所示。

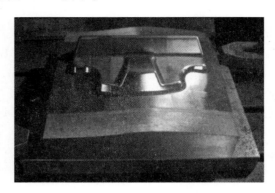

**图 3 - 10　淬硬钢模具模型图**

该实例的加工条件如下。

①工件材料:多硬度拼接淬硬钢。

②毛坯热处理状态:淬火、回火。

③加工型面:曲面加工。

④工件形状:自由曲面。

⑤加工阶段:半精加工。

⑥表面粗糙度:$Ra \leqslant 1.6$。

⑦工件尺寸:1 000 mm×800 mm×25 mm 。

切削参数如下。

①机床:五轴数控铣削加工机床 MIKRON UCP710。

②刀具:戴杰可转位球头铣刀,直径为 20 mm,刀具悬伸量为 75 mm。

③切削速度:主轴转速为 4 000 r/min。

④进给速度:0.55 mm/r。

⑤切深:0.2 mm。

## 4. 实例 4——钛合金膜盘

钛合金膜盘模型如图 3 - 11 所示。

该实例的加工条件如下。

①工件材料:Ti6A14V。

②毛坯热处理状态:无。

③加工型面:曲面加工。

图 3 - 11　钛合金膜盘模型图

④工件形状:自由曲面。

⑤加工阶段:精加工。

⑥表面粗糙度:$Ra \leqslant 0.8$。

⑦工件尺寸:直径为 150 mm。

切削参数如下。

①机床:沈阳第一机床厂生产的 CAK6150 - Di 卧式数控车床。

②刀具:住友电工的碳氮化钛和氧化铝膜的叠层膜涂层硬质合金刀具。

③切削速度:主轴转速为 140 m/min。

④进给速度:0.3 mm/r。

⑤切深:1 mm。

分析这 4 个加工实例加工条件与切削参数之间的关系,确定对切削参数具有重要影响作用的控制参量。

①比较分析这 4 个加工实例可知,当工件材料以及毛坯热处理状态不同时,切削参数亦即控制参量显著不同,因而工件材料和毛坯热处理状态对加工工艺影响显著,其原因是工件材料和毛坯热处理状态决定的工件的硬度、力学特性及热力学特性等特性,因而对切削参数产生重要影响。

②比较分析实例 1 和实例 2 可知,在其他参量相同(或相似)的条件下,加工型面、工件形状和工件尺寸不同,加工机床和刀具等参数也不同,因而加工型面和工件形状对加工工艺影响显著,其原因是加工型面和工件形状直接影响工件的切削方法。另外,实例 2 的尺寸较大,在切削过程中由于自重原因会产生变形,因而其切削参数甚至装夹方式都会产生很大不同。

此外,根据切削理论及生产经验可知,不同的加工阶段和表面粗糙度要求也会对加工工艺产生显著影响。加工阶段属于控制参量,表面粗糙度属于输出参量。在切削过程中,通常表面粗糙度是选择加工阶段的依据之一,这两者之间是相互影响的,但是考虑到表面粗糙度在加工工艺中的重要性,因此把表面粗糙度参量也当作一项对加工工艺具有重要影响的因素。综上所述,对高速切削工艺影响显著的非控制参量有工件材料、加工方式、工件尺寸、加工型面、工件形状和毛坯热处理状态,输出参量有表面粗糙度。因此可以把这 7 个参量作为工艺特征对加工问题进行描述。

①工件材料:工件材料分为碳素钢、低碳合金钢、高合金钢、铸钢、不锈钢、淬硬钢、可锻铸铁、灰铸铁、球墨铸铁、铁基合金、镍基合金、钴基合金、钛合金、铝合金、铜合金等。

②毛坯热处理状态:毛坯热处理状态分为淬火、正火、回火、退火等毛坯热处理状态。

③加工型面:加工型面分为平面加工、曲面加工、孔加工、型腔加工等。

④工件形状:工件形状分为盘类、轴类、箱体类、薄壁类及其他类。

⑤工阶段:加工阶段分为粗加工、半精加工、精加工阶段等。

⑥表面粗糙度:零件加工要求的表面粗糙度最小值,通过粗糙度 $Ra$ 值给出,粗糙度分为 $Ra0.2$, $Ra0.4$, $Ra0.8$, $Ra1.6$, $Ra3.2$, $Ra6.3$, $Ra12.5$, $Ra25$ 等。

⑦工件尺寸:零件待加工型面的长度、宽度(直径)、厚度等。

### 3.3.2.2　高速切削加工问题描述

与常规切削不同,高速切削需要实现加工的高效性、高精度、柔性化、绿色化等目的。其中,加工质量不仅影响产品性能,而且直接影响成品率,是高速切削技术所要研究的重点内容。考虑到高速切削的这些要求,除了上述工艺特征以外,高速切削实例还应该包含影响加工质量的工艺特征,才能满足高速切削加工的要求。

加工精度包括尺寸精度、形状精度和位置精度等,在切削过程中,工件、机床、刀具、夹具等构成工艺系统。工艺系统本身不可避免地会产生系统误差,包括机床、刀具、夹具的制造误差、安装误差及使用中磨损产生的加工误差等,这些系统误差都会直接影响零件的加工精度。工艺系统是一个弹性系统,工艺系统的受力状况也会影响加工精度。工艺系统的受力包括切削力、传动力、惯性力、夹紧力以及重力等因素。在各种热源的作用下工艺系统会产生热变形,热变形也会影响工件的加工精度。系统的热源分为内部热源和外部热源两大类。内部热源产生于切削过程,主要包括切削热、摩擦热、派生热源。外部热源来自于外部环境,包括环境温度和外界热辐射等。此外,残余应力也会对加工精度产生影响。

本书从机床、夹具和装夹方式、切削力、切削温度等因素出发,研究高速切削过程中提高加工精度的方法。

1. 机床对加工精度的影响

为了提高加工精度,在高速切削过程中应尽量选取高速加工机床。这是因为高速加工机床具有高主轴转速(高速铣削加工中心的主轴转速可达 10 000 r/min 以上)、高精度(可达微米级以上)以及高动静态刚度和轻量化的移动部件,高速加工机床的数控系统和伺服系统还具有很短的插补周期,并具有前馈控制、超前读、自动加减速、误差补偿等功能,可以有效减少系统误差。此外高速切削机床的冷却方式有大流量的喷淋式冷却、刀具内置冷却、气雾冷却等方式,可以减小切削热对加工精度的影响,从而提高加工精度。

2. 夹具和装夹方式对加工精度的影响

以加工实例"传扭转接盘"和"钛合金膜盘"为例,分析夹具和装夹方式对加工精度的影响。

(1)传扭转接盘

传扭转接盘加工实例的零件图和形位公差,如图 3 - 12 所示。零件尺寸为 1 000 mm × 650 mm,厚度范围为 4.5 ~ 12.5 mm,内孔直径为 439.2 mm。工件正反两面的结构不对称,其中两端的凸台与中间大孔径的圆环面在一个平面的一面为正面(A 面),另一面为反面。形位公差要求为 A 面的平面度偏差小于 0.05 mm,凸台平面与 A 面平行度偏差小于 0.05 mm。

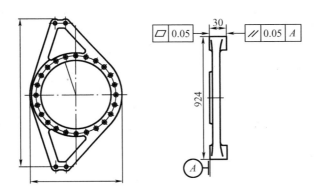

**图 3 - 12　传扭转接盘零件图和形位公差**

采用传统的装夹方式进行装夹,装夹方式为:用压板压住工件,工件下表面用垫块进行支撑,使工件不与工作台接触避免反面凸台面接触工作台引起干涉,用螺栓进行夹紧固定,如图 3 - 13 所示。

采用传统装夹方式,传扭转接盘的受力截面情况如图 3 - 14 所示。

根据工程力学理论可以求得梁的最大挠度值为

$$\omega_{\max} = 0.005 \text{ mm}$$

采用专用夹具进行装夹,装夹方式如图 3 - 15 所示。以工件两端凸台的内孔为定位基准,定位元件为长圆柱销,没有垂直方向夹紧力。这种装夹方式不仅可以满足定位、装夹要

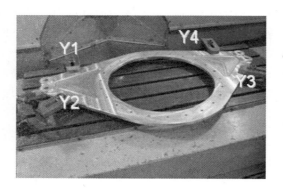

图 3 – 13    传统装夹方式

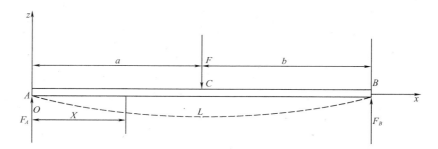

图 3 – 14    传扭转接盘的截面受力示意图

求,而且凸台式的夹具结构方便进行传扭转接盘外形轮廓的加工,夹具中部环形槽为了使钻孔均布的工序正常进行。

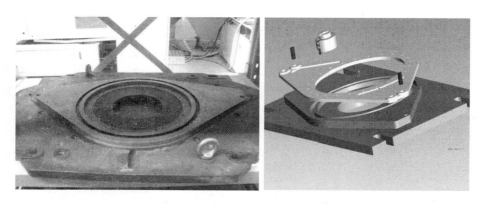

图 3 – 15    加工传扭转接盘的专用夹具和装夹方式

根据工程力学理论,当夹紧力为 50 N 时,可计算出工件变形最大值为

$$\omega_{max} = 0.001 \text{ mm}$$

比较传统装夹和采用专用夹具装夹两种装夹方式下工件的挠度可知,采用专用夹具进行装夹引起的工件变形远远小于采用传统装夹方式引起的工件变形。

（2）钛合金膜盘

钛合金膜盘的结构如图 3 – 16 所示。其中,加工型面为方程曲面,内圆直径 $d = 45$ mm,外圆直径 $D = 106$ mm,其型面轮廓度要求小于 0.025 mm。

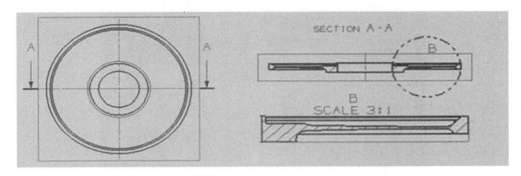

图 3 – 16　钛合金膜盘结构图

采用传统的装夹方式,用外圆三爪夹盘夹紧,采用这种装夹方式,夹紧力的作用方向为径向,根据工程力学理论,在夹紧力为 100 N 时的型面最大变形量约为 0.02 mm。

采用专用夹具进行装夹,夹具为带有型面的钛合金膜盘专用夹具,如图 3 – 17 所示。

图 3 – 17　钛合金膜盘加工专用工装

（a）精加工工装 1;（b）精加工工装 2

采用专用夹具进行装夹,夹紧力的作用方向为轴向。通过 UG 的有限元软件对其进行变形分析,静态轴向夹紧力变形仿真结果如图 3 – 18 所示,当夹紧力为 100 N 时,膜盘的最大变形为 0.000 037 mm。因而在轴向夹紧方式下,膜盘型面变形很小,可以大大改善夹紧力对工件变形的影响,从而提高加工精度。

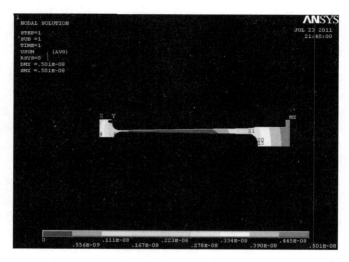

图 3 – 18　静态轴向夹紧力变形仿真结果

3. 切削力对加工精度的影响

以加工实例"传扭转接盘"为例,分析切削力对加工精度的影响。

采用专用夹具进行装夹,通过有限元软件对切削过程进行模拟,可以求得切削力对工件变形的影响[30],如图 3 – 19 所示。

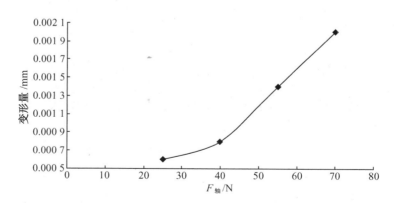

图 3 – 19　切削力 – 工件变形曲线

由切削力－工件变形曲线可知,工件变形随着切削力的增大而增大。

下面对切削力的影响因素进行分析。

通过实验研究,可以得出在高速切削条件下切削力与切削用量的关系曲线,如图3－20～图3－22所示。从图中可以看出,切削速度、进给量和切深等切削用量对切削力都有影响,其中,对于这种铝合金7475传扭转接盘工件,在切削速度小于1 200 m/min 时,切削力随切削速度的增大而增大,切削速度在1 200 m/min～1 800 m/min 之间时,铣削力随切削速度的提高而下降。而切削力和进给量速度、切深之间成正相关关系。在选择铣削参数时选择较高切削速度,中等的进给量和小轴向切深的铣削参数组合,可以有效减小铣削力,提高加工精度。

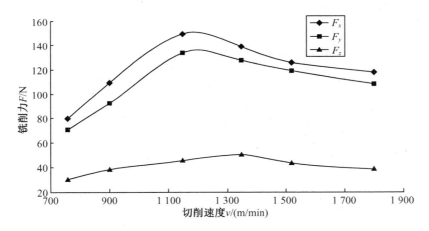

**图 3 － 20　切削力 － 切削速度曲线($f_z = 0.04$ mm/z,$a_p = 0.2$ mm)**

以最小铣削力为优化目标对切削参数进行优化,切削参数的优化结果见表3－5。

**表 3 － 5　切削参数的优化结果**

| 铣削速度 $v$/( m/min) | 每齿进给量 $f_z$/( mm/z) | 轴向切深 $a_p$/mm | 总铣削力 $F_n$/N |
| --- | --- | --- | --- |
| 1 700 | 0.056 | 0.15 | 135 |

4.切削温度对加工精度的影响

在切削热的作用下,工艺系统会产生热变形,而热变形对高速切削加工的加工精度影响很大。目前,切削温度的机理和控制已经成为高速切削领域的一项重要研究课题。

研究了车刀的刃口对切削温度的影响规律。常规切削加工时切削厚度和进给量较大,切削刃钝圆半径远远小于切削深度和进给量,切削刃钝圆对切削温度影响较小,可以不予

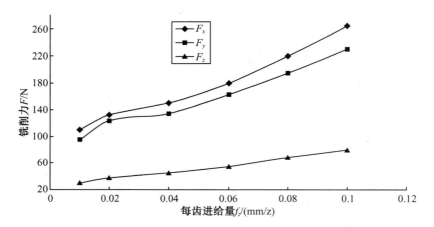

**图 3 - 21  切削力 - 每齿进给量曲线($v = 1\,500$ m/min, $a_p = 0.2$ mm)**

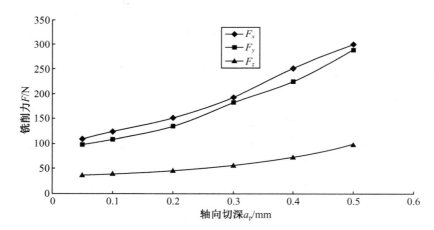

**图 3 - 22  切削力 - 轴向切深变化($v = 1\,500$ m/min, $f_z = 0.04$ mm/z)**

考虑。高速切削加工过程中,车刀的切削刃钝圆半径接近切削深度,甚至有时比切削深度还要大,因此切削刃刃口形状对切削热的影响增大,成为影响切削温度的重要因素之一。通过研究发现,刀具刃口形状分别为锐刃、倒圆刃、倒棱刃的情况下,刀具对切削温度的影响如图 3 - 23 所示。

根据以上分析,在高速切削加工中,从提高加工质量的角度出发,对加工问题的描述还应增加能够描述机床、夹具、切削力和切削温度等切削要素的工艺特征。以满足高速切削加工的需求。对这些工艺特征归纳如下。

机床:包括通过传统机床和高速切削机床。

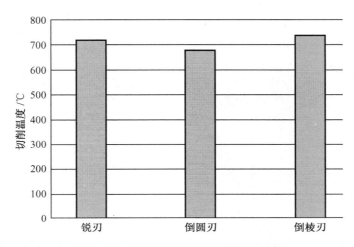

图 3-23 不同刃口结构的切削温度比较

夹具:包括常规夹具和专用夹具。

刀具:包括锐刃、倒圆刃和倒棱刃刀具。

参数优化:是否以切削力为目标进行切削参数优化。

其中刀具是从对切削温度的影响角度出发进行研究而得到的工艺特征。

根据 3.2.2 和本节所述,本书对数据库中的实例的工艺特征进行了归纳总结,并对各个工艺特征进行描述。表 3-6～表 3-14 给出了部分加工实例的工艺特征及其描述方法。

表 3-6 钛合金膜盘工艺特征及其描述方法

| 钛合金膜盘 | 序号 | 特征 | 特征描述 |
|---|---|---|---|
| | 1 | 工件材料 | 钛合金 |
| | 2 | 毛坯热处理状态 | 无 |
| | 3 | 加工型面 | 盘类、曲面加工 |
| | 4 | 工件形状 | 盘类 |
| | 5 | 加工阶段 | 精加工 |
| | 6 | 表面粗糙度 | $Ra \leqslant 0.8$ |
| | 7 | 工件尺寸 | 直径 112 mm |
| | 8 | 机床 | 车削加工中心 |
| | 9 | 夹具 | 专用夹具 |
| | 10 | 刀具 | 钝圆刃 |
| | 11 | 切削参数优化 | 是 |

表3-7　传扭转接盘工艺特征及其描述方法

| 传扭转接盘 | 序号 | 特征 | 特征描述 |
|---|---|---|---|
| | 1 | 工件材料 | 铝合金 |
| | 2 | 毛坯热处理状态 | 无 |
| | 3 | 加工型面 | 平面 |
| | 4 | 工件形状 | 平面类 |
| | 5 | 加工阶段 | 粗加工 |
| | 6 | 表面粗糙度 | $Ra \leqslant 0.8$ |
| | 7 | 工件尺寸 | 924 mm × 535 mm × 20 mm |
| | 8 | 机床 | 铣削加工中心 |
| | 9 | 夹具 | 专用夹具 |
| | 10 | 刀具 | 钝圆刃 |
| | 11 | 切削参数优化 | 是 |

表3-8　轴承座组件工艺特征及其描述方法

| 轴承座组件 | 序号 | 特征 | 特征描述 |
|---|---|---|---|
|  | 1 | 工件材料 | 铝合金 |
| | 2 | 毛坯热处理状态 | 无 |
| | 3 | 加工型面 | 平面加工、孔加工 |
| | 4 | 工件形状 | 其他类 |
| | 5 | 加工阶段 | 半精加工 |
| | 6 | 表面粗糙度 | $Ra \leqslant 1.6$ |
| | 7 | 工件尺寸 | 185 mm × 126.8 mm × 19 mm |
| | 8 | 机床 | 铣削加工中心 |
| | 9 | 夹具 | 常规夹具 |
| | 10 | 刀具 | 钝圆刃 |
| | 11 | 切削参数优化 | 否 |

表 3 – 9　支撑座组件工艺特征及其描述方法

| 支撑座组件 | 序号 | 特征 | 特征描述 |
|---|---|---|---|
| | 1 | 工件材料 | 铝合金 |
| | 2 | 毛坯热处理状态 | 无 |
| | 3 | 加工型面 | 平面加工、孔加工、斜面加工 |
| | 4 | 工件形状 | 箱体类 |
| | 5 | 加工阶段 | 半精加工 |
| | 6 | 表面粗糙度 | $Ra \leq 1.6$ |
| | 7 | 工件尺寸 | 85 mm×31 mm×6 mm |
| | 8 | 机床 | 铣削加工中心 |
| | 9 | 夹具 | 常规夹具 |
| | 10 | 刀具 | 钝圆刃 |
| | 11 | 切削参数优化 | 否 |

表 3 – 10　尾传动轴承机匣底座组件工艺特征及其描述方法

| 尾传动轴承机匣底座组件 | 序号 | 特征 | 特征描述 |
|---|---|---|---|
| | 1 | 工件材料 | 铝合金 |
| | 2 | 毛坯热处理状态 | 无铣削、车削、钻削 |
| | 3 | 加工型面 | 平面加工、孔加工、型腔加工 |
| | 4 | 工件形状 | 箱体类 |
| | 5 | 加工阶段 | 半精加工 |
| | 6 | 表面粗糙度 | $Ra \leq 1.6$ |
| | 7 | 工件尺寸 | 223 mm×202 mm×66 mm |
| | 8 | 机床 | 铣削加工中心 |
| | 9 | 夹具 | 常规夹具 |
| | 10 | 刀具 | 钝圆刃 |
| | 11 | 切削参数优化 | 否 |

表3-11　高阻尼器底座组件工艺特征及其描述方法

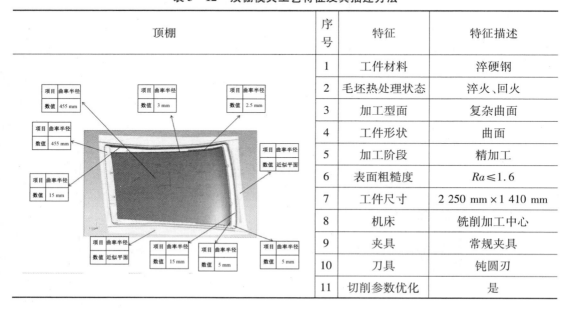

| 高阻尼器底座组件 | 序号 | 特征 | 特征描述 |
|---|---|---|---|
| | 1 | 工件材料 | 铝合金 |
| | 2 | 毛坯热处理状态 | 无 |
| | 3 | 加工型面 | 平面、型腔、薄壁、孔加工 |
| | 4 | 工件形状 | 箱体类 |
| | 5 | 加工阶段 | 半精加工 |
| | 6 | 表面粗糙度 | $Ra \leqslant 1.6$ |
| | 7 | 工件尺寸 | 276.5 mm×200 mm×82 mm |
| | 8 | 机床 | 铣削加工中心 |
| | 9 | 夹具 | 常规夹具 |
| | 10 | 刀具 | 钝圆刃 |
| | 11 | 切削参数优化 | 否 |

表3-12　顶棚模具工艺特征及其描述方法

| 顶棚 | 序号 | 特征 | 特征描述 |
|---|---|---|---|
| | 1 | 工件材料 | 淬硬钢 |
| | 2 | 毛坯热处理状态 | 淬火、回火 |
| | 3 | 加工型面 | 复杂曲面 |
| | 4 | 工件形状 | 曲面 |
| | 5 | 加工阶段 | 精加工 |
| | 6 | 表面粗糙度 | $Ra \leqslant 1.6$ |
| | 7 | 工件尺寸 | 2 250 mm×1 410 mm |
| | 8 | 机床 | 铣削加工中心 |
| | 9 | 夹具 | 常规夹具 |
| | 10 | 刀具 | 钝圆刃 |
| | 11 | 切削参数优化 | 是 |

表 3 - 13　车门模具工艺特征及其描述方法

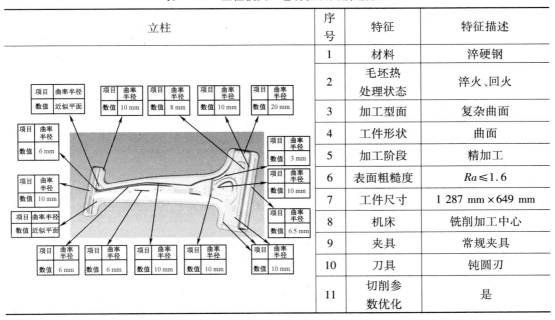

| 序号 | 特征 | 特征描述 |
|---|---|---|
| 1 | 材料 | 淬硬钢 |
| 2 | 毛坯热处理状态 | 淬火、回火 |
| 3 | 加工型面 | 复杂曲面 |
| 4 | 工件形状 | 曲面,平面 |
| 5 | 加工阶段 | 精加工 |
| 6 | 表面粗糙度 | $Ra \leqslant 1.6$ |
| 7 | 工件尺寸 | 1 645 mm × 1 250 mm |
| 8 | 机床 | 铣削加工中心 |
| 9 | 夹具 | 专用夹具 |
| 10 | 刀具 | 钝圆刃 |
| 11 | 切削参数优化 | 是 |

表 3 - 14　立柱模具工艺特征及其描述方法

| 序号 | 特征 | 特征描述 |
|---|---|---|
| 1 | 材料 | 淬硬钢 |
| 2 | 毛坯热处理状态 | 淬火、回火 |
| 3 | 加工型面 | 复杂曲面 |
| 4 | 工件形状 | 曲面 |
| 5 | 加工阶段 | 精加工 |
| 6 | 表面粗糙度 | $Ra \leqslant 1.6$ |
| 7 | 工件尺寸 | 1 287 mm × 649 mm |
| 8 | 机床 | 铣削加工中心 |
| 9 | 夹具 | 常规夹具 |
| 10 | 刀具 | 钝圆刃 |
| 11 | 切削参数优化 | 是 |

### 3.3.2.3  加工工艺解决方案

加工工艺解决方案的重点是控制参量,为了使解决方案能够反映更加完整的加工工艺,加工实例应包含如下工艺信息。

(1)切削参数

切削参数包括机床参量(机床名称、机床型号、机床生产厂商)、夹具和装夹方式参量、刀具参量(刀具名称、刀具型号、刀具生产厂商、刀片型号、刀片生产厂商)、切削用量(切削深度、进给速度、切削速度)、切削介质等参量。

(2)工艺规划

工艺规划是企业实现加工过程的重要工艺文件,其内容包括毛坯的选择,定位基准与夹紧方案选择,加工方法的选择,加工顺序的安排,机床、刀具、夹具、量具等工艺装备的选择,工艺参数的确定,加工策略的确定,等等。工艺规划的合理性决定了加工质量、加工效率和加工成本,工艺规划通常需要由经验丰富的工艺人员来进行编制。在高速切削数据库中,加工实例的解决方案中,给出成功的工艺规划,为工艺人员提供参考依据,使工艺人员能够编制出合理的新加工任务的工艺规划。

### 3.3.2.4  实例检索

实例检索是实现实例推理的重要环节。当工艺人员接到一个新的加工任务,需要制定该加工任务的工艺规划时,由于高速切削工艺的复杂性,工艺人员往往会对制定新的工艺规划感到棘手。一方面,工艺规划涉及的参数很多,确定这些参数比较困难,工作量也非常大;另一方面,即使确定了这些参数,也难以保证参数的合理性。这时,工艺人员可以通过实例检索,从实例库当中寻找到与新加工问题相似的加工实例,以该实例的解决方案为参考,或对其做必要的修改,形成新加工问题的工艺规划。高速切削数据库检索过程如下。

①工艺人员按照系统提示,输入新加工问题的 7 个工艺特征,即工件材料、加工方式、表面粗糙度、工件尺寸、加工型面、工件形状和毛坯热处理状态的特征值。

②按照上述计算方法,系统计算新问题与每个实例的相似度。

③系统按照最近邻居法进行实例检索。

最近邻居法定义如下:设实例 $U \in \mathbf{R}$,若存在实例 $S \in \mathbf{R}$,对所有实例 $S' \in \mathbf{R}$,使得 $\mathrm{SIM}(U,S) \geqslant \mathrm{SIM}(U,S')$ 成立,则将实例 $S$ 称为 $U$ 的最近邻居 $\mathrm{NN}_s$,记为

$$\mathrm{NN}_s(U,S):\Leftrightarrow \exists S \in \mathbf{R},$$
$$\forall S' \in \mathbf{R}:\mathrm{SIM}(U,S) \geqslant \mathrm{SIM}(U,S') \tag{3-1}$$

在实例检索过程中,系统按照工艺人员输入的加工条件,将其假想成一个加工实例,系

统中的所有其他实例则被当作该假想实例的邻居,按照上述检索方法,从所有其他实例中检索出一个与这个假想实例最近的邻居。这个最近的邻居即为与最相似的实例输出,输出实例的解决方案即作为待求问题的建议解。

检索出的实例不一定完全符合新零件的工艺要求,需要对检索出的实例进行评价,如果符合新零件的工艺要求,则该建议解决方案被采纳,否则需对建议解决方案进行适当的修改来满足新问题的需求。对建议解决方案修改采用人工干预的方法来实现,即以最相似实例的解决方案为出发点,基于新问题的实际加工要求及高速切削知识规则信息,对建议解决方案中与新问题冲突的部分做出必要的改动,把经过修改后的解决方案作为新问题的解并进行验证,验证后若满足新问题的加工要求,则把新问题及其最终确认解决方案整理成一个完整的实例,并存储于实例库中,否则还需反复修改,直到满足新问题的需要为止。实例库通过以上过程实现了知识的不断更新,同时实例库的实例得到了不断扩充。

构建了基于实例推理的航空发动机典型件和淬硬钢模具高速切削数据库,主要完成的工作如下。

①建立了航空发动机和淬硬钢模具实例库模型,规划了实例库的结构和推理流程,采用相似理论构建了实例推理机制,提出了基于实例推理的实现方法,即通过计算求解问题与实例的相似度进行实例推理的算法。

②分析了加工实例的加工工艺,总结了对控制参量影响较大的输入参量和输出参量,并把这些参量作为工艺特征提取出来,通过工艺特征对实例进行一般性问题描述。根据高速切削的特点,从提高加工精度的角度出发,分析了对高速切削加工精度的影响因素,增加了机床、夹具、刀具和切削力因素对高速切削加工实例进行问题描述,使实例推理得出的加工实例能够满足高速切削加工要求,解决高速切削加工工艺规划问题。

③提出了局部相似度的计算方法,对于不同类型的加工特征,分别采用数值型、模糊逻辑型、无关型和枚举型等方法计算局部相似度。

④对熵值法进行了改进,并通过改进的熵值法计算各个工艺特征的权重值。熵值法是一种客观赋权法,与主观赋权法相比,这种方法是根据原始数据之间的关系来计算权重,避免了人为因素的影响,通过这种方法计算得到的权重具有较强的客观性。

⑤采用最近邻居法实现实例检索,对于检索到的实例,如果不符合工艺要求,则采用人工干预的方法进行修改,直到符合工艺要求为止。

# 3.4 基于实例推理的变型设计研究

传统的设计过程总是从零开始进行产品设计,即从设计需求开始到最后详细设计和工艺设计,尽管可以参考其他产品的设计,但从总体上看,是从无到有、自顶向下(Top – Down)的方式,这比较适合全新设计。而变型设计是从已有的产品原型出发,然后根据实际的功能需求进行局部改动,其设计的重点在于搜索恰当的原型实例,然后通过分析和比较,进行多层次的设计改动,因此其设计过程信息的流动和数据关系与产品的全新设计过程有所区别,图 3 – 24 是一般的变型设计过程,变型设计从功能模型出发搜索设计原型。功能模型是分层次的,即产品的功能模型由多层次的子功能模型组成,功能分解的程度和方法依据企业资源的具体情况而定,因此设计原型也是分层次的,每一个设计原型对应一个或多个功能模型。通过与子功能模型相对应的设计原型的搜索,形成产品变型设计原型集合,设计师对变型设计原型的组成和结构进行选择、调整和组合,有时直接从设计数据库中选择零部件,再通过结构重组或再设计使之符合设计要求,最终设计出新的变型产品。可见,变型设计过程实际上是一个建立空间之间映射关系的过程。

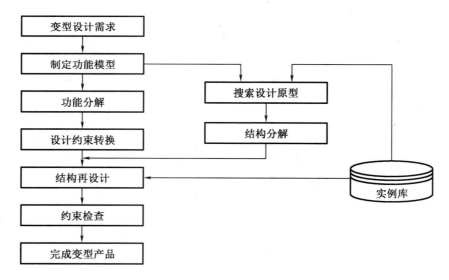

图 3 – 24　产品变型设计过程

### 3.4.1　产品实例建模

产品建模及产品族规划完成后,选取那些具有可扩展性的产品零部件,按照产品族结构树模型存入到 SmarTeam 当中。存储到 SmarTeam 当中后的界面如图 3－25 所示。

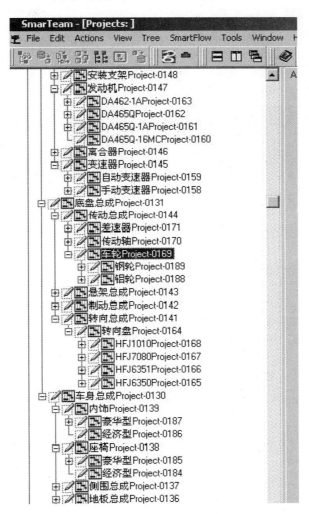

**图 3－25　汽车产品实例库**

该产品族模型的每一个节点包含了一个产品族,例如"转向盘"节点,包含了多种不同型号,但结构相似的转向盘,如图 3-26 所示。这些数据作为实例,实例的总和构成实例库。

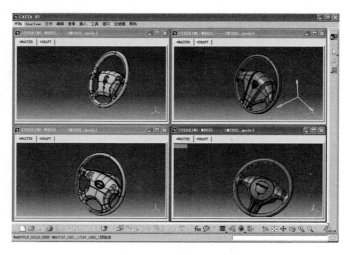

图 3-26 转向盘实例

### 3.4.2 产品实例的属性和检索参数的设定

实例库中的实例包含许多属性和参数。其中,根据近似匹配算法和模板选择算法,需要对产品实例的检索参数赋值,赋值时应充分考虑客户需求,对于不同的产品,不同客户可能提出不同的定制要求,有时甚至要求产品的颜色等属性。

例如,对于转向盘产品,在汽车产品实例库中存入的实例如图 3-26 所示。

通过客户对该产品的定制需求可知,通常客户关心的参数包括价格、颜色等;而对于设计人员则关心该产品的外径尺寸和所适用的车型等参数。因此,对转向盘实例的检索参数定义见表 3-15。

表 3-15 转向盘检索参数

| 型号 | 价格/元 | 外径/mm | 适用车型 | 颜色 |
|---|---|---|---|---|
| HFJ1010 | 150 | 385 | 轿车 | 蓝 |
| HFJ6350 | 180 | 395 | 轿车 | 绿 |
| HFJ6351 | 165 | 410 | 货车 | 绿 |
| HFJ7080 | 170 | 410 | 货车 | 绿 |

### 3.4.3　产品实例检索

接到变型设计任务以后,设计人员进入系统的变型设计界面,按照系统提示的检索参数输入检索条件进行检索,如图 3 – 27 所示。检索可能要经过一个步骤或两个步骤,即近似匹配检索和模板选择检索。

如果近似匹配检索的检索结果为一个,则通过这一个步骤即可完成检索。

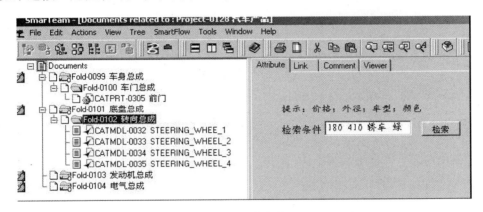

图 3 – 27　检索界面

如果近似匹配检索结果为多个,则系统进入第二次检索界面,按照系统提示输入评价参数见图 3 – 28,则系统再按照模板选择算法进行检索,最后检索到唯一的一个和设计要求最相似的实例作为设计模板。

图 3 – 28　模板选择检索

检索完成后系统将显示该实例的图号、型号等信息,如图 3-29 所示。

图 3-29  检索结果

# 第4章 产品配置器的研究

## 4.1 产品配置器的模块化研究

随着科学技术的进步和网络的发展,产品配置设计也出现了新的实现形式,客户可以通过网络进行产品配置设计,设计者得知用户的需求后,立即着手对产品的主要结构和一些可选项进行设计,某些产品需要进行产品的模块化设计,从而降低产品成本,缩短产品交货周期,这说明产品模块化设计是产品配置的基础。

对一定范围内的不同功能或相同功能不同性能、不同规格的产品进行功能分析,设计出一系列功能模块,通过模块的选择和组合可以构成不同的产品,以满足市场不同需求,这种设计方法称为模块化设计(Modular Design)[31]。它不仅能缩短产品开发周期,快速响应市场变化,而且有利于产品的维修、升级和再利用,方便企业和产品的重组,延长产品生命周期,所以越来越受到制造业和学术界的广泛重视[32]。

产品配置器是配置过程的使能器,它的设计成为产品配置的一项重要内容。由于产品配置器的实现是建立在产品模块化之上的,所以配置过程的关键技术产品模块化在产品配置器中的意义不容忽视,具体表现如下。

①减少产品的设计时间,降低产品的设计成本,缩短产品的交货期。企业产品系列中已有很多通用模块,在用户提出要求后,可以用已有模块或设计制造少量专用模块便可组成用户所要求的产品。产品模块化的这一特点在设计产品配置器时被应用,从而实现了快速使用模块配置出顾客所需要的产品的目的[33]。

②提高产品质量,增加企业对市场的快速应变能力。由于每个模块均为一个独立单元,所以可以把已经进行过实验的新技术设计成模块,并对其做先行性设计,如果结构可靠、性能稳定,则可加到产品中代替老的结构[34]。这样,既能保证产品的先进性和竞争性,又确保了产品的性能的稳定和可靠,同时还可以加速产品的更新换代,也确保由模块配置出来的产品的质量的可靠性。

③能够满足用户的多样化需求。通过产品配置器,有限的模块可以组合出无限的产品,以满足用户的不同需求。

④企业可以将在各个产品都用得上的标准化部件的数目最大化。传统的标准化建立在零件的基础上,而模块化则是根据产品的不同建立在模块级上的标准化,它具有两个特点既能面向产品功能,又能注重结合面的标准化,从而把标准化从细节中解脱出来,这样有

利于加工组装,减少库存。

⑤基于产品模块化,在线产品配置器能真正发挥方便用户的作用,帮助企业为用户快速提供低成本的个性化产品。例如,福特汽车公司的网上汽车定制显然就属于"配置设计",这一过程是建立在汽车的模块化设计,即"产品族设计"的基础上的;家电、计算机等产品的网上定制也属于"配置设计",其成功与否也取决产品模块化设计的好坏[35]。

⑥使用方便,便于维修。由于产品由相对独立的模块组成,因此,很便于维修,必要时可更换模块,而不致影响生产。

### 4.1.1　模块化概述

模块(Module)就是系统中结构独立、彼此之间存在定义好的标准接口,且具有一些功能的零件、组件或部件。模块化指使用模块的概念对产品或系统进行规划和组织,它是实现产品快速配置设计的使能技术,要想快速配置出用户需要的产品,模块化技术则是必不可少的关键技术之一。

模块化设计的思想最早起源于欧洲,20世纪初首先在德国的一个家具公司诞生了最早按模块化原理设计的产品。20世纪中叶,"模块化设计"概念才被正式提出:在对一定范围内的不同功能或相同功能不同性能、不同规格的产品进行功能分析的基础上,创建并设计出一系列功能模块,通过模块的选择和组合可以构成不同的产品,以满足市场不同需求的设计方法[36,37]。图4-1表示模块化产品的结构,产品划分为不同的模块,一些模块之间存在共享关系,每个模块由不同的零件组成,零件之间也具有共享关系。20世纪60年代日本造船业采用了模块化设计,30多年来,美国、英国、德国、日本及苏联等众多西方工业国家在模块化造船方面而取得了引人瞩目的成就。随后,这种设计原理和方法在众多行业得到了广泛应用。我国的模块化设计技术起步较晚,20世纪70年代末至20世纪80年代初,我国的机床行业中不少厂家应用"模块化设计"原理进行新产品开发或系列设计,取得了不少成果。例如,北京第一机床厂利用模块化设计原理进行龙门铣床的设计,杭州汽轮机厂主要通过引进德国的技术在模块化系列产品的开发中取得了显著的效益,上海仪表机床厂和上海市机床研究所对仪表车床进行模块化设计。除机床外,其他行业也开始采用"模块化设计"方法。机械电子工业部在1989~1991年共把86项模块化设计项目列入了《机械电子工业第一批产品现代设计计划表》。虽然我国在汽车产品模块化方面的研究较晚,但发展却很迅速。

模块化设计的基本思想是将产品划分为模块,系统使用通用模块可以组成多种多样的产品,传统思想上的产品是由零部件组成,一旦产品模块化后,产品构成模式转变为以模块和模块单元组成的产品构成模式[38]。模块化设计主要任务包括产品功能分析与概念设计、模块划分、模块结构设计、模块系列化等。能满足产品快速配置设计的模块需具有以下特点:

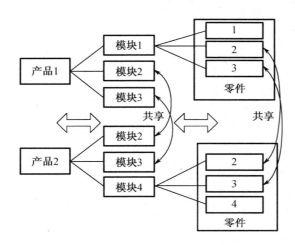

图 4-1 模块化产品结构图

①在模块化设计过程中,设计的模型必须根据用户需求进行快速响应,短时间内向用户提交高质量的产品;

②随着市场变化和技术发展,企业能使用 PDM 软件灵活的更换系统中的模块库和相关的知识库,来适用于不同的设计,这样既可以针对企业定制,又有利于企业的重组改造;

③可以降低产品设计、制造及装配技术人员的劳动强度;

④由于模块接口的标准化,使得能与相同功能或性能的模块进行互换;

⑤模块可以独立的组织生产并且进行性能、功能、质量的考核及检验。

#### 4.1.1.1 模块化的基本特征和主要形式

模块按其在产品中的功能分为基本模块(实现产品中最基本的功能,如汽车的发动机、车身等)、辅助模块(实现将基本模块连接起来的功能,如发动机连接件等)、特种模块(完成某一特定的功能)和附加模块(根据用户要求在标准模块上补充附加的部分,如汽车内的影音传送系统)。这些模块的基本特征如下。

(1)具有若干配合面

凡是需要相互拼合在一起的模块,都必须有一个配合部位。每个模块的固定连接越重要,配合部位就越需精确。

(2)具有互换性

为了发挥和确保模块的组合可能性,其配合面必须具有互换性。为此,模块配合部位的结构形状必须标准化[39]。

按照模块化之间的相互关系及其在产品配置中的作用,可以将模块化分为共享构件模块化、互换构件模块化、"量体裁衣"式模块化、总线模块化和可组合模块化五种,如图4－2所示。

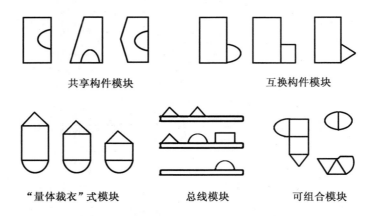

共享构件模块　　　　　　　　　　互换构件模块

"量体裁衣"式模块　　　　总线模块　　　　可组合模块

**图4－2　产品配置中经常使用的五种模块化**

在共享构件模块化中,由于模块化系列产品中存在一些相同的零部件,所以同一构件可被多个产品应用,这样利用这种模块化可以大大降低产品成本,同时提供更多的产品多样化,而且产品开发速度更快,从而能够及时地满足用户的个性化需求。这种模块化最适用于减少零部件数量从而降低现有系列产品成本的配置。

互换构件模块化是共享模块化的补充,它是不同的构件与相同的基本产品进行组合,形成与互换构件一样多的产品。利用互换构件模块化的关键是发现产品或者服务中最易定制的部分,并将其分解为可以方便地重新整合的构件。为了最大发挥其效能,被分离的构件应该有三个特点:它应该为客户提供高的价值;构件一旦被分离,能方便地与基本产品无缝整合;构件应该有很多品种以适应顾客的个性化要求。只有当构件品种较多时,才能实现真正意义上的个性化产品配置。

"量体裁衣"式模块化与前面两种模块化类型相类似,只不过其构件在预置和实际限制中是不断变化的,如汽车坐垫的高度在安装时需要调整以适应驾驶员操作等。

总线模块化采用可以附加大量不同构件的标准结构,模块可以由若干数量、类型的零部件进行组合,典型例子是汽车产品的配置,通过采用总线结构模块化,底盘和配线提供了总线结构,其他的相关构件可以插进去。总线模块化与其他模块化的区别是其标准结构允许在可以插入该结构的模块位置、数量和类型等方面有所变化。

可组合模块化可以提供最大程度的多样化和定制化,通过零部件的组合,只要构件间以标准接口进行连接,允许任何数量的不同构件类型按任意方式进行配置,这种模块化的关键是开发可使不同类型的对象或者部分相互连接的接口。

以上各模块化各有其优点,应针对各汽车产品特点采用其中的一种或者多种模块化类型的组合。

### 4.1.1.2 产品模块化设计方法

在进行具体的产品模块化设计时,由于涉及产品设计原理、系统工程、成组技术、标准化方法、产品结构、计算机集成技术等多个领域,所以产品模块化是一项高度综合性的工程。

1.产品模块化设计的内容

综合来说,模块化设计研究内容可分为以下几个方面,如图4-3所示。

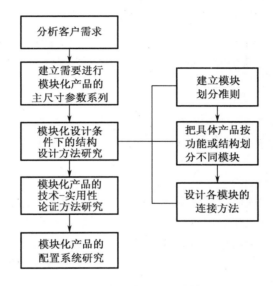

**图4-3 产品模块化设计的规划**

(1)分析客户需求

不同的客户需要配置的产品不尽相同,只有了解客户的具体需求,才能使产品的模块划分更加符合要求。

(2)建立需要进行模块化产品的主尺寸参数系列

这是模块化设计的基础,主要涉及产品的性能、应用要求、规范等多方面因素。

(3)模块化设计条件下的结构设计方法研究

它涉及模块划分准则、模块大小、模块的通用性、模块的易修改性、模块的连接方法、结构的简化、各模块间标准化接口等多个方面。

(4)模块化产品的技术-实用性论证方法研究

（5）模块化产品的配置系统研究

它涉及具体产品的组织和管理系统的变更、产品的质量和精度控制及管理等。

2. 产品模块化设计遵循的原则

一般来说，由于研究对象不同，侧重点不同，在划分模块时没有完全统一的模块划分原则，在模块化设计中，必须结合产品的实际情况，从系统角度出发，应用系统分析方法，以功能分析、分解为基础进行划分以达到最好的效果。总体来说，必须遵循以下原则。

（1）弱耦合原则

模块与模块之间的相关要尽量少，即弱耦合，这对于产品设计开发以及制造中独立完成的可能性有很大影响[40]。

（2）独立性原则

传统上部件和组件的划分注重结构的完整性，而模块更强调功能和结构的独立性。功能模块的独立是产品族以最小的设计修改代价满足客户需求的保证，既有利于产品的组合，又减少功能的冗繁。

（3）粒度适中原则

模块分解的粒度太大，模块与模块之间的耦合度必然增加，模块化设计及制造并行开展的余地就减小；模块分解的粒度太小，则会导致产品开发及生产制造的进度过于零碎，可操作性就会差。

（4）结构模块的种类最少原则

减少内部多样性是大规模定制降低成本的一个重要措施，因此在进行结构模块设计时要不断核对这一原则。首先在原理模块向结构模块 1:1 映射的基础上，适当考虑 n:1 映射，将几个原理模块集中到一个结构模块中来实现。这种集成体现了减少内部多样性的思想。但是，集成又必须建立在功能和原理独立性的基础上，结构集成而导致功能耦合的设计是不合理的。

（5）便于组合原则

模块最终要组合成产品，因此，模块应有标准的接口，便于装配和连接，按照不同的方式组合成多样化的产品。

（6）经济性原则

模块的划分应有利于降低设计、制造和定制等成本。

总体来说，模块化设计是力求以少数模块组成尽可能多的产品，并在满足要求的基础上使产品精度高、性能稳定、结构简单、成本低廉，且模块结构应尽量简单、规范，模块间的联系尽可能简单。划分前必须对系统进行仔细的研究，在功能和结构分析的基础上，要注意以下几点：必须考虑模块在整个系统中的作用及更换的可能性和必要性；保持模块在功能及结构方面有一定的独立性和完整性；模块间的接合要素要便于连接与分离；模块的划分不能影响系统的主要功能。

产品功能模块划分这种方法一般是始于顾客的需求,在全球市场环境下,竞争加剧,这样就促使企业把生产的焦点集中在顾客的需求上,对顾客的需求进一步分析就会得到产品的操作功能要求,通常情况下,对产品的各个不同层次的功能确定后,需要对产品进行分解。对于具体产品来说,总功能分为基本功能、辅助功能、特殊功能、附加功能和专用功能五部分。每种功能具有相对应的模块,产品功能模块分为基本功能模块、辅助功能模块、特殊功能模块、附加功能模块和专用功能模块,如图 4 - 4 所示。

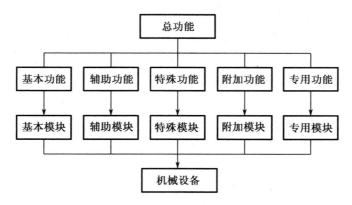

图 4 - 4　产品功能模块划分

## 4.1.2　汽车产品的模块划分

### 4.1.2.1　汽车产品模块划分的细则

为了指导设计人员有效工作,达到设计和配置目的,通过组织有关技术人员对以往汽车的总结和有关市场调查结果的分析,确立了如下模块化设计的基本准则。

①对汽车的基础部件(如车体结构、制动装置、转向架等)按通用化设计出基本模块。

②对不同车种或不同车型中通用的结构和配件设计出基本模块,如各种车门、车窗、空调等。

③对同一车种不同车型中的相同部位,以交集形式设计出基本模块。

④对同一车型同一部位中分不同功能或档次时,按功能或档次设计出特殊模块,便于以后组合成不同功能或档次的汽车产品。如汽车结构的铁顶板和玻璃钢顶板等。但组合时注意特殊模块与相邻部位的安装界面应完全相同,以便于转换的顺利完成。

⑤对同一车种中的不同要求,按各自要求设计出特殊模块,有利于以后配置出不同要求的产品。如满足东北地区寒冷季节普通汽车的采暖功率,这种情况也需要考虑。

⑥对不同功能、不同档次的产品在设计各部位特殊模块的同时设计出对应的安装附件

模块,即辅助模块。这样,便于以后设计组成不同功能、不同档次的汽车产品时各部位保持一致性。

⑦对同一配件存在不同厂家的不同型号产品时,尽量统一与之对应的接口环境,如汽车的各种安装支架、配电箱、电子防滑器、塞拉门等。

⑧不管什么车种、什么车型,其组件图中原则上不允许出现零件图,应全部为模块图或组成图。这是因为今后各主管在组合不同车型时全部按模块图和部件图拼成。一般情况下,模块图很少有组件图出现,除非大的基础模块。

⑨模块划分时,必须是大部分车种、车型通用的零部件。

⑩无法形成通用部位的部位,尽量统一连接结构形式、形状或断面。

### 4.1.2.2 汽车产品模块划分

在划分具体产品的模块之前必须了解一下它的结构,图4-5表示了汽车产品的车身、底盘、发动机和电气四大组成部分。

根据以上汽车产品的逻辑结构,可以确定它的基本模块由六个部分组成,见图4-6所示。

(1)转向模块

转向模块是机车车辆中决定动力学性能而又相对独立的模块,易于通过组成零件的标准化、规范化、通用化组成不同系列的汽车产品。

(2)车体结构模块

汽车的车体有不同的承载形式,所以就可以有不同的模块形式。如底架承载式机车可以选择一个合适的底架作为某一系列的通用平台,然后再与司机室、电器室、动力室和冷却室等模块组合总装。对桁架式或框架式承载式机车车体、整体承载式车体及侧壁承载式货车车体,也可分解为不同的结构子模块。

(3)机电装置模块

随着机电控制技术的广泛应用和交流传动技术的发展,汽车的机电装置日益增加和复杂化、牵引电动机、柴油机、空调等都是可以进行标准化的模块。

(4)自动化系统模块

集成驾驶控制系统已在舰船、地铁、轻轨车等交通运输工具上得到了应用,对于汽车,开发一种模块化的提供完整的控制和驾驶系统是现代汽车的必然要求。

(5)辅助装置模块

如内燃机车的冷却水循环系统、空气滤清器等。

(6)驾驶室模块

对汽车来说驾驶室有高、中、低档之分,所以它可以有多种标准模块。

模块化技术是产品配置的关键技术之一,本章重点研究了模块化技术的理论和方法。

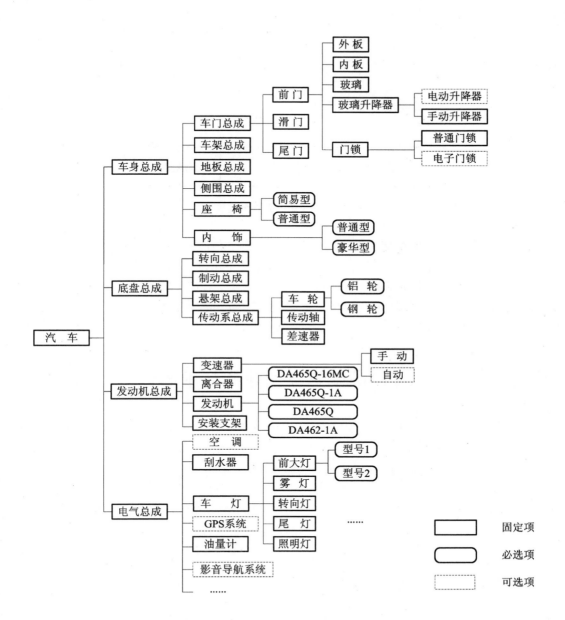

图 4 - 5　汽车结构模型

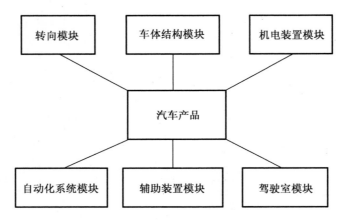

**图 4 - 6　汽车产品六大模块**

在分析模块化技术在产品配置中的作用的基础上,说明了在产品配置过程中模块化设计的必要性,然后从模块化的含义、特点、主要形式,以及模块化设计的规则、方法等方面对模块化技术进行研究,为具体的模块化实例做出了理论依据。结合汽车产品的特点,以产品功能模块化为重点,提出了模块化设计的方法,将汽车产品分为六大模块,来完成汽车产品的模块化设计。

## 4.2　产品配置器的建模技术研究

产品配置过程实际上就是一个基于配置模型的动态约束求解的过程,随着用户需求条件的不同,其可行解可能不是唯一的。配置过程可表达如下:Solutions $=f($ ConfigModel,Requirement$)$,其中 $f$ 表示配置求解过程,ConfigModel 表示配置模型,Requirements 表示用户需求,Solutions 表示配置方案集,其初始值为 $\Phi$,因此,配置模型是产品配置求解的核心和关键,是产品配置的基础,也是建立企业产品配置系统的首要条件。本章结合目前产品配置模型研究中存在的问题,采用基于类和特征的产品建模方法,对产品配置的建模展开详细地论述。

### 4.2.1　产品配置建模的原则及方法

产品的建模过程实际上是对产品所蕴含的知识、关系与经验的提取和表达过程[41]。产品配置模型是实现产品配置设计的核心,一个产品配置模型的好坏直接关系产品配置的复杂程度和客户的满意程度。

1. 产品配置建模的原则

机械产品设计时有其自身的特点,使得机械产品的配置模型不能完全以一般的配置问题那样来求解,下面详细说明机械产品的配置建模原则。

(1)建立的模型能描述一个产品族

一个产品配置模型必须具有描述一个产品族的能力,同时该模型还应能方便地进行实例化,才能产生个性化产品。这是对一个产品配置模型最基本的要求。

(2)合理利用资源

企业资源是企业的财富,合理利用企业资源是深化产品配置的途径之一。具体来说主要包括两方面:在进行功能－原理－结构分解时,要尽量选择企业资源库存在的功能、原理、结构单元,这样,有利于加快设计和配置的速度,保证产品质量,降低产品成本;在进行创新设计时,要考虑企业的生产能力。

(3)模型应具有层次性

层次化是产品模型中的一个主要特点。在产品配置中,这种层次化既指构成模型的组件具有层次性,还指配置模型能在不同的需求层次上进行产品的配置,使模型具有一定的柔性。这样,大大地简化组件之间的约束关系,在实际配置中,不同的客户对产品的了解程度不同,某些客户能详细地指定对产品的性能要求,而有些客户则不能详细地指定对产品的性能要求。所以配置的模型要同时满足不同层次的客户需求。

(4)模型应能描述自身的演变

产品配置作为一种常规的配置方法,它的设计过程也是一种不断演化的过程,具有一定的历史性,主要体现在产品配置模型的演化上。配置模型可能会由于客户需求的变化导致的零部件的升级随配置规则的改变而改变。配置模型应能比较方便地描述这种变化,以保证配置结果的正确性。

(5)配置模型应具有较好的直观性

目前,国内外已经提出了很多产品配置模型,有的产品配置模型虽然具有很好的形式化,但并不具备直观性,例如基于约束的建模方法、基于资源的建模方法、基于逻辑程序的建模方法等。直观性和容易理解性已经成为产品配置建模以及模型的维护的一项要求。

(6)具有再配置能力

理想的配置模型应具有产品再配置的能力,这是配置模型的理想情况,目前的研究还很难满足这一点。

2. 产品配置建模的方法

国内外学者从不同侧面对配置模型进行了研究,其方法大致可归纳为以下几种。

(1)基于规则的配置建模

配置模型的建立依据元件间的规则定义,但随着规则的增加,产品元件之间的关系将变得复杂,规则维护成为不容忽视的一个问题[42]。

(2)基于模型的配置建模

将元件蕴含的知识与知识的使用进行分离,提高了可维护性,但配置模型与建模方法密切相关,不同建模方法下建立的配置模型之间具有较大差异,配置模型的共享性不强[43]。

(3)基于约束的配置建模

配置模型根据组件间的相互约束关系建立。这种模型虽然在特定产品复杂参数求解问题中具有一定的优势,但是由于变量间的各种约束关系构建复杂,通用性受到限制[44]。

(4)基于本体的配置建模

通过定义构件、资源和接口等配置本体含义构建配置模型。该方法提高了模型的共享性,但在表达配置模型中的层次结构关系方面存在不足[45,46]。

针对产品配置的设计及产品信息建模等方面,国内外学者做了大量的研究。国内外学者从产品配置技术和方法的角度,建立了功能、原理和结构三种视图模型,采用传统设计方法学,通过功能、原理和结构之间的映射实现产品从功能需求域到结构实现域的转换[47,48],其过程见图 4 - 7 所示。

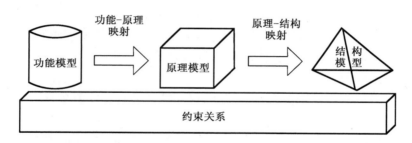

**图 4 - 7　配置模块的映射过程**

由图 4 - 7 可以看出,按照产品设计的一般进程,产品族模型由功能模型、原理模型和结构模型组成,它们分别实现对产品的设计功能、解原理、对应的物理结构的定义和表达。在不同构成单元之间,通过映射单元实现设计信息由粗到细的转换与映射。在上述产品模型的定义下,针对客户的具体需求,在企业环境的约束下,将产品功能抽象描述为不同层次的功能单元,建立产品的功能模型。通过功能 - 原理对每一功能单元对应的解原理进行抽象描述,建立产品模型。通过原理 - 结构映射单元将解原理抽象描述为不同层次的结构单元,最终建立产品的结构模型。从而完成产品结构设计工作,为下游过程提供完整的产品描述[49]。

由于功能、原理、结构模型间建立的映射关系符合设计人员进行创新设计的基本思路,却不符合企业最终客户进行产品配置的过程。对于功能原理较复杂的产品,客户提出的一般是技术性能参数和使用要求,在同企业设计人员进行配置时,不会考虑过多的设计细节,功能、原理、结构表达的产品模型也带来了系统维护上的复杂性[50]。结合实际情况,这种方法在产品配置环境下存在不足,具体表现如下:

①功能、原理和结构模型之间的映射关系复杂并且不易建立;

②这三种模型的维护比较困难;

③功能和结构模型之间的区分界限有时不明显。

针对目前这种配置模型中存在的一些不足,结合配置的特点,本书引入了类和特征的思想,提出了基于类和特征的产品配置建模方法。

## 4.2.2　基于类和特征的产品配置建模研究

类,是对一组客观对象的抽象,它将对象所具有的结构特性和行为特性的共同点集中起来,用来说明该组对象的性质和能力。类具有层次结构,一个类的上层可以有超类或父类,下层可以有子类,这种层次结构的特点是可继承的,同时也便于配置时分类。最能反映零部件的固有特点,把它与其他零部件区别出来的就是零部件的特征,这里所说的特征包括零部件、功能属性和约束等在内的多种语义[51]。这些特征描述零部件的属性,建立与其他零部件的关系。按照产品模型由功能 - 原理 - 结构映射的过程,零部件间的相互关系最终都会反映它们的特征属性间的各种约束关系。连接客户需求与配置实例最好的桥梁是产品的特性参数,它实质上都是表征零部件固有性质的特征属性,通过这些属性可表达出模型中各零部件本身特性以及零部件间的相互关系。鉴于类和特征在表达零部件属性以及零部件间关系中具有的优势,将类和特征的思想结合起来,应用到产品配置建模过程中,能够使产品设计方法与软件实现有机结合,便于配置设计系统的开发。

1. 建模流程

建立产品的配置模型,必须明确它的配置思路,其流程如图 4 - 8 所示。每种产品因其自身特点属于不同的类,对于具体的产品,首先确定产品类并查看产品类功能是否可分,这是配置的前提工作。如果产品类功能不可分就要确定产品的部件类,如果产品类功能不可分则建模结束。部件类一旦确定后,就要判断部件类是否可分,部件类可分的话确定部件子类,部件类不可分的话则建模结束。查看已确定的部件子类,判断部件子类的包含特征是否为空,部件子类的包含特征不为空的话确定组件类,部件子类的包含特征为空的话则建模结束。针对确定的组件类,判断组件类的父子类特征是否为空,组件类的父子类特征不为空的话确定组件子类,若组件类的父子类特征和组件类的包含特征都为空的话则建模结束。组件子类确定后,判断它包含的特征是否为空,组件子类的包含待征不为空的话确定零件类,组件子类的包含特征为空格的话则建模结束。查看已确定的零件类,判断其包含特征是否为空,零件类的包含特征不为空的话确定零件子类对象,根据属性特征值选择不同的零件对象。如果零件类的包含特征为空,则建模结束,对于一个具体的产品,如果零件子类对象都已确定,建模过程也随之结束。

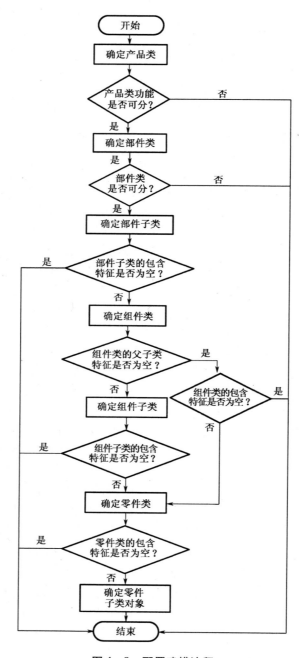

**图 4 - 8 配置建模流程**

## 2. 配置元模型

为了表达配置中各个零部件的关系,建立了基于类和特征的配置元模型,如图 4 - 9 所示。

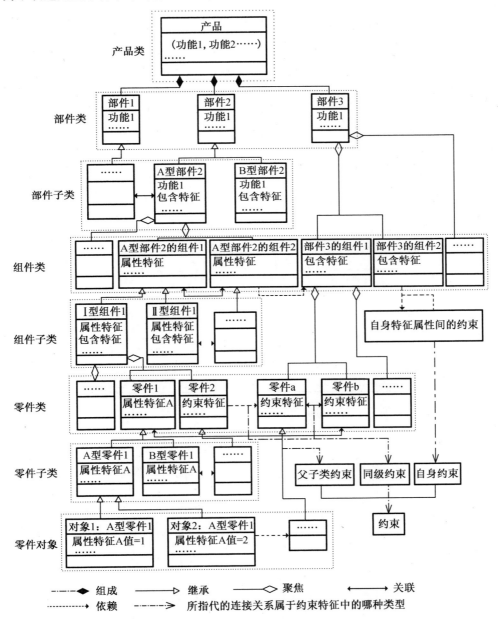

图 4 - 9　基于类和特征的配置元模型

配置元模型是产品配置建模的基础,通过它可以深入理解零部件间的包含特征和约束特征,清晰地建立模型中的层次结构关系,有利于理解和模型。

### 4.2.3 汽车产品配置建模

产品配置建模是为了借助通用模型表达一个产品族,以便根据用户需求生成合适的配置方案。由于汽车产品结构、功能复杂,其配置建模过程相当繁琐,为了更加灵活、高效地建模,将类和特征建模技术用于汽车产品建模中。

#### 4.2.3.1 汽车特征的分类和关系

特征是一组与产品描述相关的具有一定工程意义的信息集合。它是设计者对汽车功能、形状、结构、制造、检验、管理及其关系等具有确切的工程含义的高层次抽象描述。汽车产品特征可分为四类:管理特征、形状特征、材料特征和技术特征[52]。它们之间的关系如图4-10所示。

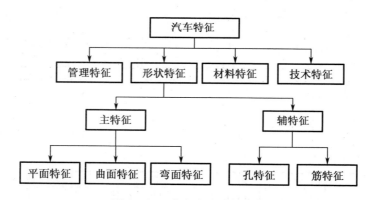

图4-10 汽车产品特征分类

（1）管理特征
管理特征是有关汽车产品管理的信息集合,包括设计者、日期等。
（2）形状特征
形状特征是有关汽车产品几何形状、尺寸的信息集合,包括功能形状、加工工艺形状等。
（3）材料特征
材料特征包括汽车产品的材料信息。
（4）技术特征
技术特征是描述汽车产品性能和技术要求的信息集合
特征是与工程信息相联系的,特征与特征之间的联系也就反映了零件工程信息的相关性。所以,特征之间的关系有从属关系、引用关系和邻接关系。

### 4.2.3.2　汽车产品配置模型

配置模型是构建汽车产品配置系统的重要步骤,也是实现高效配置及管理的基础,针对汽车产品的特点,建立了汽车产品配置模型,如图 4-11 所示。

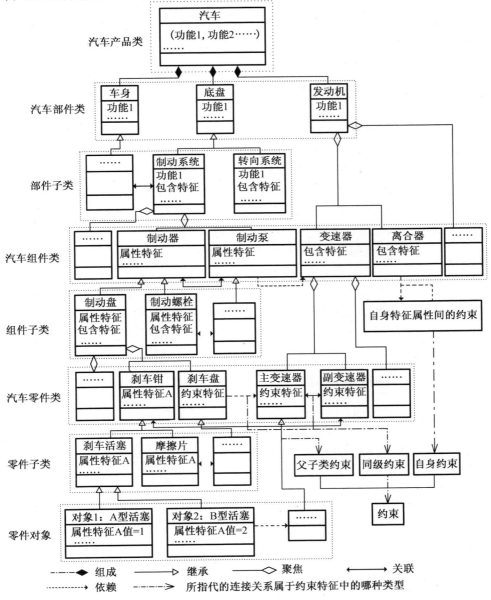

**图 4-11　汽车产品配置模型**

针对目前常用的功能－原理－结构的模型进行分析,在配置建模原则的基础上,将类和特征的思想引入到产品配置建模中,提出了基于类和特征的产品配置建模方法。针对实际情况,建立了产品配置建模流程,提出了配置的元模型,为产品配置建模奠定基础。以汽车产品为实例,研究了基于类和特征的配置建模方法,建立了汽车产品配置模型,为实现产品配置提供依据。

## 4.3　SmarTeam 环境下汽车产品配置器的开发

随着我国经济的蓬勃发展,汽车产业市场需求旺盛,面对多变的市场需求,必须采用先进的技术提高产品的质量和降低成本,快速适应市场的变化,满足客户个性化需求。要使我国汽车行业实现大规模定制,必须开发适合汽车产品的配置器,来缩短产品设计的周期,提高产品的设计效率。产品配置器是大规模定制的关键技术之一,从某种意义上可以将产品配置器看成是企业提供给客户的服务平台,实现企业与用户之间在产品配置方面的互动,它是有效地实施大规模定制生产、完成产品配置必不可少的工具。

在 SmarTeam 环境下,综合运用产品模块化和汽车产品建模知识,研究了产品配置器的分类、实现形式、结构框架、体系设计等,针对汽车产品的特点,开发出适合汽车行业的产品配置器,该配置系统在配置规则的约束下,利用汽车产品模型完成配置求解过程,结束汽车的六大模块配置后,组装满足客户需要的汽车,配置过程使用产品数据管理 SmarTeam 软件,既可以加强企业与客户间的联系,又能有效地管理配置过程中的产品数据,为实现大规模定制提供了依据。

### 4.3.1　SmarTeam 概述

产品数据管理系统能够帮助设计人员管理产品开发的过程以及与此过程相关的数据。SmarTeam 是一种技术领先的 PDM 软件,为用户提供了产品数据管理所需的全套解决方案,该解决方案能够帮助设计师和工程师在复杂的产品开发过程中管理相关的数据,是独特的、快速实施的、可扩充、可定制的 PDM 软件产品。

#### 4.3.1.1　SmarTeam 模块介绍

采用的是达索系统公司生产的 SmarTeam 软件,它具有以下几个模块。

1. SmarTeam Foundation 模块

SmarTeam Foundation 模块是系统的基础模块,为整个 PDM 系统提供核心服务,为客户定制、开发和管理等提供功能。

2. SmarTeam Editor 模块

SmarTeam Editor 模块是基于 Windows 的协同产品数据管理的核心应用程序,提供整个系统的操作环境,在 Editor 中可以完成文档操作与管理、生命周期操作、系统功能配置与调整等工作。

3. WorkFlow 模块

WorkFlow 模块是一个工作流自动化和更改管理模块,提供了工作流程的控制、管理功能,使用者可以通过它制定自己的工作流程或者是项目开发流程,通过 WorkFlow 进行管理,能极大地提高工作的效率,完善彼此间的协同工作,随时了解项目的进展情况。

4. SmartBOM 模块

SmartBOM 可以创建并管理复杂的产品结构,生成一系列的 BOM 表(物料清单)。协助企业进行管理,提高与供应商、生产的细协同工作能力。SmartBOM 具备产品结构的定义、产品的查看与检查、定义产品的有效期等功能。

5. SmarTeam 的 Web Editor 模块

这种操作是基于 Web 页面的,直接通过 Windows 系统的 Internet Explore 浏览器完成各种工作。适合于普通用户和要求不高的用户使用,界面简单、客户端易于维护。

此外,SmarTeam 还能与 CATIA,UG,Pro/E,AutoCAD 等集成。

### 4.3.1.2　SmarTeam 的功能及特征

SmarTeam 的主要功能及系统特征如下[53]。

1. 文档管理功能

使用办公软件、二维/三维 CAD 等文档接口,可以实现各种文档的组织、版本管理等功能,特别是从三维 CAD 装配中自动提取结构信息,形成一目了然的产品结构树,实现各种电子图档的系统管理。

2. 生命周期管理

SmarTeam 针对文档所处的不同生命周期实行分库管理,在电子仓库中分为预发放库、发布库、废止库,用户可以自动控制产品数据的版本和发布。

3. 强大的工作流管理

具有流程人员指派、任务提醒、自动签名等功能,实现在员工之间、部门之间、上下级之间自动地控制工作的流动、任务的流动以及文档的流动,企业领导可以直观地了解工作流程的进展情况,及时排除问题。

4. 查询工具

可以不必知道信息在数据库具体的哪个地方,而迅速找到所需要的数据。浏览器功能能够浏览广泛的 CAD 数据和 Office 数据,能够迅速得到文档的影像,而不必实际激活相应的应用程序。

5. 安全管理

SmarTeam 通过检入和检出(Check In/Check Out)的生命周期管理,来实现对文档的安全性和版本的控制,另外,SmarTeam 软件提供了电子仓库服务来实现数据库的安全保护和控制机制。

6. SmarTeam

系列软件产品是面向对象、为 Windows 环境设计的 SmarTeam 的 C/S 体系结构,支持 Oracle,Microsoft SQL server 和 InterBase 等各种流行的关系型数据库。

对 SmarTeam 进行二次开发,可以实现产品数据管理的其他功能。SmarTeam – Editor 提供给用户这个功能,使用者启动外部应用程序并编辑文件,把编辑好的外部应用程序加入 SmarTeam – Editor。SmarTeam 还为用户开发的程序提供了嵌入的接口函数,用户可以通过这些程序把外部的应用程序连接到 SmarTeam 环境中,并通过 SmarTeam 的底层数据库系统,能使用户开发的外部应用程序和 SmarTeam 建立起连接,执行相应的操作。目前,已有不少汽车公司应用 SmarTeam 软件[54]。

### 4.3.1.3 汽车行业对产品配置器的需求分析

通过对汽车行业生产现状和生产模式进行研究,发现目前的汽车企业如果采用以生产决定销售的方式,汽车企业会造成大量零部件的积压,增大库存,延长生产周期,使资金周转困难,这种方式弊端暴露得越来越多。如果采用以销售决定生产的方式,汽车企业接到订单后,会根据用户要求由设计人员开始设计,再由生产车间进行加工装配,最后检验出厂。因为每次接到的订单不同,用户的要求也不一样,有的用户直接指定专用底盘和专用装置,致使定制特征极强,用户所付的费用也较高,他们希望在签订合同之前看到设计方案甚至虚拟样车。另一方面,面对激烈的竞争对手,企业要迅速拿出设计方案,开发的系统必须迅速完成汽车总体设计和主要零部件的设计,并进行性能计算分析。

我国汽车企业一般生产的产品种类比较多,且用户的范围比较广,因此,所开发的系统必须能够适应国内主流汽车产品的设计与开发,这是本系统开发的第二个主要要求。

现代汽车技术发展较快,企业为了更好地满足市场需求,要求系统有比较多的与企业相关的零部件库。为了使系统的生命周期比较长,要求系统采用面向大规模定制的设计理论和方法。另外,除了上述几点要求外,系统要便于应用,能够面向中小型汽车企业的定制设计[55]。

产品配置器除了满足客户这些要求外,还要具有查询功能,用户可以借助于产品配置器查询配置单、产品结构、产品目录等项目。此外,产品配置器要便于开发者的维护。根据以上的要求得到的汽车产品配置器结构框图如图 4 – 12 所示。

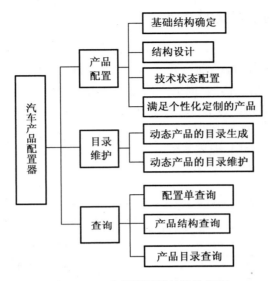

**图 4 - 12　产品配置器的结构框架**

## 4.3.1.4　系统开发环境

1. 硬件环境

硬件环境包括微机网络等设备,主要参数如下。

①处理器型号:Pentium Ⅳ。

②内存:256 MB 以上。

③显卡:显存 32 MB 或更高。

④网络:100 Mbps 局域网软件环境。

一般来说,客户机 Pentium 以上的微机几乎都可以满足需求,这里选择 Pentium Ⅳ是为了提高性能,选择内存和硬盘时也要留有充分的余地。

2. 软件环境

软件环境包括各种系统软件和应用软件,主要参数如下。

①操作系统:Windows 2000/XP/NT。

②CAD 软件:Pro/E Wildfire、CATIA。

③后台数据库:Microsoft SQL Server 2000(中文版)。

④开发平台:VB6.0。

⑤产品数据管理系统:SmarTeaml4。

⑥客户端浏览器采用:Internet Explore 6.0。

### 4.3.2　汽车产品配置器的设计

　　基于 Web 的面向订单产品配置系统的平台为 Windows 系列,采用三层 B/S 结构,数据库使用 Microsoft SQL Server 2000,前台开发工具使用 VB6.0, JSP 等。采用 XML( Extensible Markup Language)来进行信息传递,提供了信息的传递和表达、文档存储统一标准,使异构的分布系统之间信息交流得到保证,实现良好的可扩展性。由于应用场合的不同,产品配置器的体系结构是多种多样的,根据目前的一些实际应用,我们可以将产品配置器的体系结构至下而上分为底层平台层、配置系统逻辑层和产品配置器表现层[56]。图 4 – 13 表示产品配置器的体系结构。

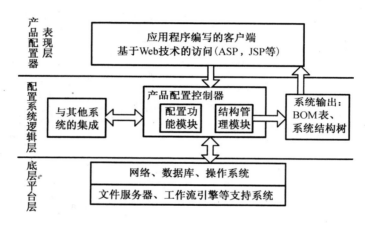

**图 4 – 13　产品配置器的体系结构**

　　1. 底层平台层

　　底层平台层主要指分布的计算机硬件环境、操作系统、网络与通信协议、数据库等支撑环境。底层是数据库服务器,由数据库管理程序提供,底层平台主要包括数据库系统 SQL Server、文件服务器、工作流引擎和权限控制模块等。

　　2. 配置系统逻辑层

　　在这一层,产品配置器实现其功能,主要包括三部分:一部分是产品配置器与其他 系统的集成功能,为其他系统的调用提供了接口;另一部分是产品配置控制器,在产品配置控制器中有两个核心的内容,就是产品结构管理模块和产品配置功能模块;还有一部分是配置结果的输出模块。这个层次的实现,可能还要拥有分布式的计算能力,可以使用 J2EE、CORBA 和 COM/DCOM 等技术来实现。

　　3. 产品配置器表现层

　　在产品配置器表现层,产品配置器主要是为用户的使用提供服务,一般来说,产品配置的用户主要分为产品配置器的功能使用者和系统管理者。同样,产品配置也是主要有两个方面的表现形式:一种是使用应用程序的编程语言,如 C ++ 、VB 来实现的对服务器的访问,这是典型的 C/S 结构;另一种则是基于 Web 访问技术实现的,如用 JSP,ASP 等技术实现的对服务器的访问,即 B/S 结构。

　　产品配置器的实现过程如图 4 – 14 所示,一方面,产品管理员建立和维护产品结构,形成系统配置模型。另一方面,用户从产品配置的目标出发,输入配置需求的条件,并与产品配置系统的原有模型进行比较,形成配置结果模型。评价模型是用来判断用户需求模型和配置结果模型是否一致的模型,它的使用和用户需求模型的定义方式有关,用户需求模型主要有直接指定法、规则约束法、函数映射法、优化准则法和基于实例的逐步求精等几种定义方式,评价模型方式就具有相对应的方法。三个模型相互作用共同形成配置结果模型来满足用户的需求,客户如果满意就输出 BOM 表、产品结构等配置结果。

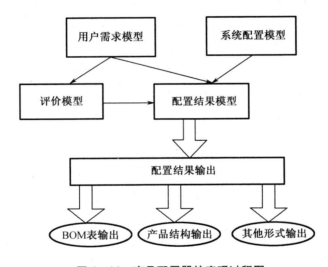

**图 4 – 14　产品配置器的实现过程图**

　　为了满足更多用户网上定制的需求,设计在线产品配置器已成为开发者的目标,产品配置器的网络实现形式如图 4 – 15 所示。用户能通过配置系统查询信息,浏览一个个界面,当客户端的浏览器向 Web 服务器发出请求要访问 ASP 页面文件后,服务器首先从硬盘中读取 ASP 网页文件,并解释执行代码。此时,产品配置器通过服务器调用产品数据库的知识,完成配置任务[57,58]。

　　以某汽车公司的产品为实例说明一下汽车的配置过程,在进行产品配置之前,要登陆汽车产品配置系统,其界面如图 4 – 16 所示。

　　登陆系统之后,在汽车产品平台参数界面下,选择所需的汽车车型、档次、颜色、功率型

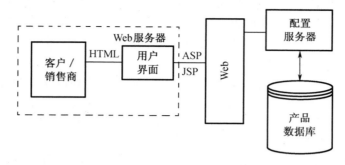

图4-15 产品配置器的网络实现图

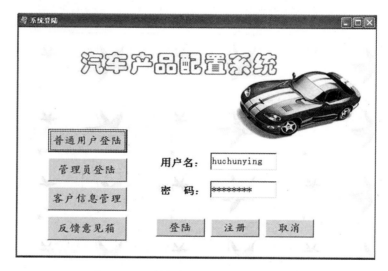

图4-16 汽车产品配置系统登陆界面

号即可确定汽车产品的平台,如图4-17所示。

  汽车产品通常是由转向、车体结构、机电装置、自动化系统、辅助装置和驾驶室六大模块组成。汽车结构、型号、用户需求等因素决定汽车模块的选择,当所有的模块都确定好之后,则进入产品配置界面,如图4-18所示。

  由于受配置规则的限制,不是所有的产品都能配置,系统会在不可配置时提示"存在干涉,不能配置",而在可配置时提示"能配置,无干涉"字样,配置情况查询如图4-19所示。

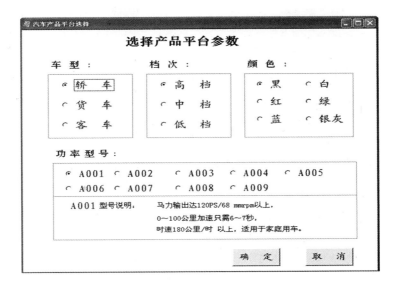

图 4-17　汽车产品平台选择界面

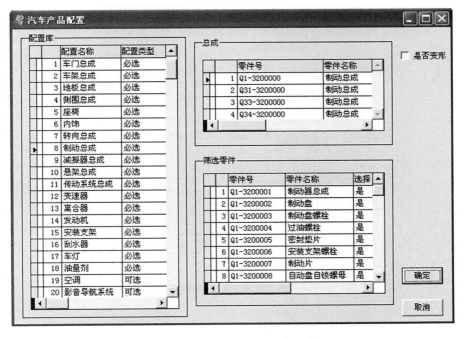

图 4-18　根据需求选择汽车制动总成的界面

图 4 – 19　配置情况查询图

另外,使用本系统还可以查询所配置产品的结构树,如图 4 – 20 所示。

图 4 – 20　汽车制动总成的结构树

　　汽车产品平台和模块选择完之后,点击确定按钮,程序内部根据产品配置规则,先查询汽车的产品库,如果产品库中存在与用户需求完全一致的产品,则可以根据该汽车的产品结构直接输出明细表;如果产品库中不存在与用户需求完全一致的产品,则根据选择的产品平台所在的系列,在项目树下该系列的产品库中新生成一个产品编号,然后根据用户需求在该产品的结构树上逐步实例化该产品的产品结构,所有的模块结构都链接到该产品的结构树下之后,由汽车的配置人员判断该配置结果是否合理,如果合理,则可以根据如图4-21所示的界面,在要生成明细表的产品结构树的根节点上单击右键,选择自定义命令,再选择 Tech-Mate-Out Put 命令,出现选择明细表的生成界面如图4-22所示,在该界面下单击确定按钮,则根据该产品结构树生成如图4-23所示的配置明细表,用以指导生产、制造、工艺、采购等部门。

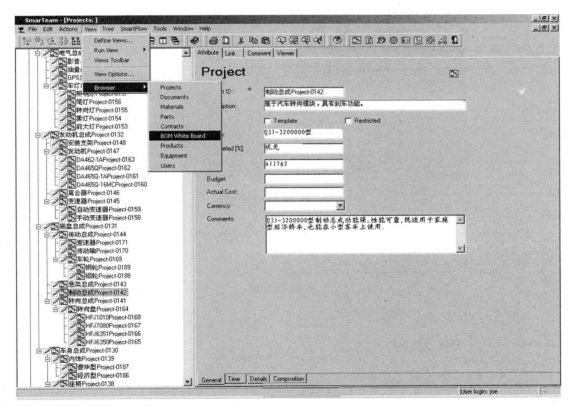

**图 4-21　配置中选择明细表的界面**

图 4-22　BOM 输出界面

| 螺栓橡胶套 | 710012051 | 373 | 1 | 绿锌 | |
|---|---|---|---|---|---|
| 制动手柄 | 710011005 | 518 | 1 | 胶木 | |
| 上塞片 | 710010052 | 274 | 1 | 黑锌 | |
| 密封垫圈 | 710010004 | 277 | 2 | 镀铬 | |
| 轴衬套 | 710012011 | 277 | 1 | 绿锌 | |
| 挡泥板 | 710012053 | 456 | 1 | 碳钢 | |
| 制动活塞 | 710012002 | 106 | 1 | 三层镍 | Φ33×31 |
| 橡胶隔套 | 710012058 | 106 | 1 | 橡胶 | |
| 制动轴 | 710012014 | 137 | 1 | 彩锌 | |
| 内制动簧 | 710011063 | 146 | 1 | 不锈钢 | |
| 放气螺栓 | 710011059 | 211 | 1 | 彩锌 | |
| 制动片导杆 | 710011055 | 312 | 1 | 绿锌 | |
| 安装支架螺栓 | 710010005 | 178 | 2 | 白锌 | M8×30 |
| 制动片 | 710010006 | 155 | 2 | 白锌 | |
| 上管卡 | 710010011 | 201 | 1 | 白锌 | |
| 下管卡 | 710010012 | 202 | 1 | 黑锌 | |
| 制动盘 | 710010001 | 104 | 1 | 碳钢 | 4×Φ50×Φ220 |
| 制动盘螺栓 | 710010002 | 104 | 4 | 白锌 | M6×20 |

图 4-23　生成的配置明细表

　　产品配置器提供了产品信息管理功能,当用户配置完成后,可以通过此功能查看自己所配置的产品信息,并对其进行修改,如图 4-24 所示。

### 产 品 信 息 管 理

汽车产品 | 汽车用品 |

| 编号 | 名称 | 销售价格（/元） | 销售数量 | 阅读次数 | 修改 | 选择 |
|---|---|---|---|---|---|---|
| 1 | 路宝 | 40000 | 2 | 79 | 修改 | ☐ |
| 2 | 赛马 | 52000 | 5 | 77 | 修改 | ☐ |
| 3 | 赛豹 | 60000 | 5 | 52 | 修改 | ☐ |
| 4 | 民意 | 50000 | 4 | 20 | 修改 | ☐ |
| 5 | 中意 | 45000 | 15 | 61 | 修改 | ☐ |
| 6 | 锐意 | 65000 | 3 | 41 | 修改 | ☐ |
| 7 | 椅垫 | 40 | 1 | 10 | 修改 | ☐ |

添加产品　全选　清空　删除

图 4-24　产品信息管理界面

# 第5章 实例编码和实例局部相似度计算

高速切削数据库系统采用实例推理。实例推理的运行效果不仅取决于实例推理规则的合理性和高效性,还取决于实例编码的合理性。实例编码主要有固定编码和柔性编码[59,60]。对于固定编码,每一位编码都对应着确定的码值,不因时间和空间的变化而变化;对于柔性编码则允许在不同的空间和时间有不同的码值。高速切削数据库的实例编码采用的是柔性编码,通过借鉴 IP 地址的编码思想,采用分层编码方案,使实例编码既实用又高效。

## 5.1 基于 STEP – NC 的实例编码

实例编码的主要作用是实现实例的快速检索,编码属性的确定是实例编码的关键[61,62]。STEP – NC 标准允许 STEP – NC 控制器详尽地定义机床加工方式,这样做的目的是一旦写出零件的 STEP – NC 程序,便可以在各种不同的机床控制器上运行。STEP – NC 标准使 CAD,CAM 和 CNC 之间的数据双向流动成为可能,基于 STEP – NC 的切削数据库可以支持 CAD,CAM 和 CNC 之间的知识共享[63,64]。根据 STEP – NC 模型,本书提出了基于 STEP – NC 的实例编码方案。

### 5.1.1 STEP – NC 标准和 STEP – NC 数据模型

STEP – NC 是由国际标准化组织 ISO 开发的,将 STEP 扩展到 NC 上的数据标准[65,66]。STEP – NC 遵从 STEP 的数控数据接口,其主要优势在于与 ISO 10303 完全兼容,实际上 STEP – NC 是 STEP 在 NC 上的扩展。

STEP 产品数据交换模型由多个应用协议组成,一个应用协议通常至少包含三个文档:①应用活动模型,描述产品生命周期中的各个活动;②应用参考模型,活动所需各种产品信息模型;③应用解释模型,用 EXPRESS 表示的信息模型以及相关的已经定义的库[67,68]。

STEP – NC ARM 和 AIM 有不同的标准号:ISO 14649 和 ISO 10303 Part 238。STEP – NC ARM(ISO 14649)主要是针对 NC 编程的通用标准,目的是使 CNC 控制器和 NC 解码设备标准化。STEP – NC AIM(ISO 10303 Part 238)主要是为数控模型以及相应产品的几何模型提供标准工步集,可以让具有不同控制器的加工设备同时使用这些加工信息,从而实现了一次编程,可以在不同机床上多次使用的构想[69,70]。

STEP - NC ARM（ISO 14649）为 NC 控制器提供了面向对象的数据模型,通过详细、结构化的数据接口将基于特征的程序合并到一起,这些特征信息包括加工特征、刀具类型、制造过程(工序)、加工操作(工步)。STEP - NC 数据模型如图 5 - 1 所示。STEP - NC 通过定义工步改变了制造方式,CNC 机床所完成的一系列特定操作由工步集描述。换句话说,就是将加工操作分成多个工步,去实现规定的操作,可以使制造过程变得简洁流畅。数控机床接受 STEP - NC 数据文件,解释文件内容,从而在没有任何指令的情况下加工工件。

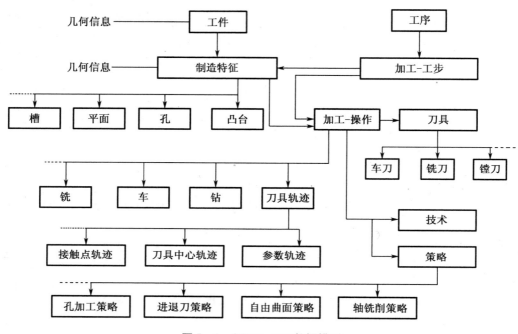

图 5 - 1　STEP - NC 数据模型

## 5.1.2　高速切削实例编码

根据 STEP - NC 数据模型,加工工序由工件、制造特征、加工方法以及刀具决定,由此确定由加工类别、材料类别、工件材料、加工方式、加工型面、加工精度、工件尺寸、毛坯状态和刀具作为属性值构成实例编码,如图 5 - 2 所示。

实例编码的构建和维护高度依赖于查找的具体环境,但在实际应用中具体环境往往是不断变化的,所以实例库的索引结构必须具有柔性以适应这种情况。该编码方案借鉴了 IP 地址的编码思想,不同组织管理不同的 IP 地址的分层结构,采用柔性编码方案,使对一个大型的金属切削数据库编码和维护成为可能。在实例编码中主要采用十进制数字进行编码。

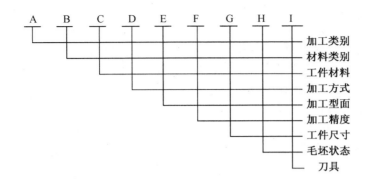

图 5 - 2　实例编码

　　高速切削实例库中的实例,应包含问题描述和解决方案两部分,根据这两部分的需要,对数据库实例参量分析如下。

　　1.控制参量

　　(1)机床性能参量

　　为了表示机床,需要涉及机床类型、机床名称、机床型号、机床制造商、重复定位精度、最大工件尺寸、最高转速、最大进给速率、最大功率、机床编号等。在实例库中,给出机床类型和机床型号以及机床生产厂商。

　　(2)刀具

　　刀具分为整体式和镶齿式,对于整体式刀具数据库主要包括刀具编号、刀具种类、刀具型号、制造商、刀具材料编号、是否整体式。对于镶齿式刀具,还要涉及刀片,刀片由刀片数据库表示,刀片数据库包括刀片编号、刀片类型、刀片型号、制造商、刀具材料编号。

　　(3)刀具材料

　　刀具材料由刀具材料类别、刀具材料型号、制造商、材料硬度、硬度标准、抗拉强度、材料密度、高温硬度、熔点、刀具材料编号等,在实例库中,包含刀具种类、刀具型号、生产厂商、刀片型号等。

　　(4)切削介质参量

　　切削介质的主要作用包括冷却、润滑和清洗,切削类型包括水溶液、切削油和乳化液。切削介质数据库包括切削介质类型。

　　(5)切削用量参量

　　在实例库中切削用量参量包括切削速度、进给速度和切削深度。

2. 非控制参量

（1）工件材料参量

工件材料参量包括工件材料类别、工件材料名称、工件材料型号、工件材料制造商、工件材料硬度、硬度标准、工件材料密度、熔点和工件材料编号，工件材料数据库包括工件材料类别、工件材料名称、工件材料型号、工件材料硬度等。

（2）工件形状参量

在实例库中工件形状参量包括工件形状、工件尺寸和加工型面。

（3）毛坯热处理状态参量

毛坯热处理状态参量包括毛坯热处理状态。

3. 输出参量

加工精度参量包括工件尺寸精度和表面粗糙度。

经过以上分析，高速切削实例库各数据结构确定如下。

（1）车削数据库结构

1 实例编号、2 工件材料类别、3 材料牌号、4 工件热处理状态、5 硬度、6 工件形状、7 加工方式、8 加工型面、9 工件尺寸、10 加工精度、11 表面粗糙度、12 机床类型、13 机床型号、14 刀具类型、15 刀具型号、16 生产厂商、17 刀片型号、18 切削速度、19 进给速度、20 切削深度、21 切削介质。

（2）铣削实例库数据结构

1 实例编号、2 工件材料类别、3 材料牌号、4 工件热处理状态、5 硬度、6 工件形状、7 加工方式、8 加工型面、9 工件尺寸、10 加工精度、11 表面粗糙度、12 机床类型、13 机床型号、14 刀具类型、15 刀具型号、16 生产厂商、17 刀片型号、18 切削速度、19 进给速度、20 切削深度、21 切削介质、22 齿数。

（3）钻削加工实例库的数据结构

1 实例编号、2 工件材料类别、3 材料牌号、4 工件热处理状态、5 硬度、6 工件形状、7 加工方式、8 加工型面、9 工件尺寸、10 加工精度、11 表面粗糙度、12 机床类型、13 机床型号、14 刀具类型、15 刀具型号、16 生产厂商、17 刀片型号、18 切削速度、19 进给速度、20 切削深度、21 切削介质。

（4）材料数据库结构

材料数据库包括材料类别数据库和材料标准数据库，材料类别数据库见表 5 - 1，材料标准数据库见表 5 - 2。

**表 5 - 1　材料类别数据库**

| 材料编码 | 材料 |
|:---:|:---:|
| 01 | 很软低碳钢 |
| 02 | 易切钢 |
| 03 | 中碳钢 |
| 04 | 高碳钢 |
| 05 | 高碳钢 |
| 06 | 难加工工具钢 |
| 07 | 很难加工钢 |
| 08 | 易切不锈钢 |
| 09 | 较难切不锈钢 |
| 10 | 难切不锈钢 |
| 11 | 很难切不锈钢 |
| 12 | 灰铸铁 |
| 13 | 低合金铸铁 |
| 14 | 较难切合金铸铁 |
| 15 | 难切合金铸铁 |
| 16 | 低硅铝 |
| 17 | 高硅铝 |
| 18 | 淬硬钢 |
| 19 | 备用 |
| 20 | 镍钴合金 |
| 21 | 硬镍钴合金 |
| 22 | 钛合金 |

表 5-2  材料标准数据库

| 标准国家 | 标准 |
|---|---|
| AISI – 美国钢铁协会 | 1 – AISI |
| ANSI – 美国国家标准 | 2 – ANSI |
| ASTM – 美国材料与试验协会标准 | 3 – ASTM |
| AFNOR – 法国标准化协会 | 4 – AFNOR |
| BS – 英国 | 5 – BS |
| CNS – 中国台湾 | 6 – CNS |
| CSN – 捷克 | 7 – CSN |
| DIN – 德国 | 8 – DIN |
| GB – 中国 | 9 – GB |
| ISO – 国际 | 10 – ISO |
| JIS – 日本 | 11 – JIS |
| KS – 韩国 | 12 – KS |
| PN – 波兰 | 13 – PN |
| SS – 瑞典 | 14 – SS |
| UNI – 意大利 | 15 – UNI |
| UNS – 统一编号标准 | 16 – UNS |

# 5.2  工艺特征赋值与局部相似度计算

在 3.3.2 节中,本书按照实例的工艺特征,把局部相似度分为 4 种类型进行计算,即数值型、模糊逻辑型、无关型和枚举型。不同的工艺特征,需要赋予不同的特征值,然后按照上述四种算法计算局部相似度。本书通过 7 个工艺特征对问题进行描述,这 7 个工艺特征为工件材料、加工方式、表面粗糙度、加工精度、加工型面、工件形状、毛坯热处理状态。对这些工艺特征赋值和计算方法如下。

1. 工件材料、毛坯热处理状态、加工型面和工件形状的局部相似度采用枚举型算法计算

（1）工件材料的局部相似度

工件材料的局部相似度按照如下公式计算：

$$m_{mw} = \frac{m_{hw} + m_{\rho w} + m_{\sigma w}}{3} \qquad (5-1)$$

式中　$m_{mw}$——工件材料相似系数即工件材料局部相似度；

　　　$m_{hw}$——工件材料硬度相似比；

　　　$m_{\rho w}$——工件材料密度相似比；

　　　$m_{\sigma w}$——工件材料抗拉强度相似比。

例如，45#和60#的材料性能见表5-3。则根据公式（5-1）计算两种材料的局部相似度为

$$m_{mw} = 0.917$$

表 5-3　45#和60#的材料性能

| 材料 | 硬度/HBS | 抗拉强度/MPa | 密度/（g/cm³） |
|------|----------|--------------|----------------|
| 45# | 150 | 600 | 7.7 |
| 60# | 170 | 675 | 7.85 |

按照这种算法，可以求得工件材料的局部相似度（具体取值见表5-4）。

表 5-4　工件材料的局部相似度

| 相似度 | 碳素钢 | 低合金钢 | 高合金钢 | 铸铁 | 不锈钢 | 淬硬钢 | 可锻铸铁 | 灰铸铁 | 球墨铸铁 | 铁基合金 | 镍基合金 | 钴合金 | 钛合金 | 铝合金 | 铜合金 |
|--------|--------|----------|----------|------|--------|--------|----------|--------|----------|----------|----------|--------|--------|--------|--------|
| 碳素钢 | 1 | 0.9 | 0.8 | 0.7 | 0.2 | 0.1 | 0.3 | 0.3 | 0.3 | 0 | 0 | 0 | 0 | 0 | 0 |
| 低合金钢 | | 1 | 0.9 | 0.7 | 0.2 | 0.1 | 0.3 | 0.3 | 0.3 | 0 | 0 | 0 | 0 | 0 | 0 |
| 高合金钢 | | | 1 | 0.7 | 0.2 | 0.1 | 0.3 | 0.3 | 0.3 | 0 | 0 | 0 | 0 | 0 | 0 |
| 铸铁 | | | | 1 | 0.3 | 0.1 | 0.4 | 0.4 | 0.4 | 0 | 0 | 0 | 0 | 0 | 0 |
| 不锈钢 | | | | | 1 | 0.1 | 0.1 | 0.1 | 0.1 | 0 | 0 | 0 | 0 | 0 | 0 |

表 5 - 4(续)

| 相似度 | 碳素钢 | 低合金钢 | 高合金钢 | 铸铁 | 不锈钢 | 淬硬钢 | 可锻铸铁 | 灰铸铁 | 球墨铸铁 | 铁基合金 | 镍基合金 | 钴合金 | 钛合金 | 铝合金 | 铜合金 |
|---|---|---|---|---|---|---|---|---|---|---|---|---|---|---|---|
| 淬硬钢 | | | | | | 1 | 0.2 | 0.2 | 0.2 | 0 | 0 | 0 | 0 | 0 | 0 |
| 可锻铸铁 | | | | | | | 1 | 0.9 | 0.8 | 0 | 0 | 0 | 0 | 0 | 0 |
| 灰铸铁 | | | | | | | | 1 | 0.8 | 0 | 0 | 0 | 0 | 0 | 0 |
| 球墨铸铁 | | | | | | | | | 1 | 0 | 0 | 0 | 0 | 0 | 0 |
| 铁基合金 | | | | | | | | | | 1 | 0.5 | 0.5 | 0.5 | 0 | 0 |
| 镍基合金 | | | | | | | | | | | 1 | 0.5 | 0.5 | 0 | 0 |
| 钴合金 | | | | | | | | | | | | 1 | 0.5 | 0 | 0 |
| 钛合金 | | | | | | | | | | | | | 1 | 0 | 0 |
| 铝合金 | | | | | | | | | | | | | | 1 | 0 |
| 铜合金 | | | | | | | | | | | | | | | 1 |

(2)工件形状的局部相似度(具体取值见表 5 - 5)

表 5 - 5    工件形状的局部相似度

| 相似度 | 轴类 | 盘类 | 箱体类 | 薄壁类 | 其他类 |
|---|---|---|---|---|---|
| 轴类 | 1 | 0.6 | 0 | 0 | 0 |
| 盘类 | | 1 | 0 | 0 | 0 |
| 箱体类 | | | 1 | 0.2 | 0 |
| 薄壁类 | | | | 1 | 0 |
| 其他类 | | | | | 1 |

(3)加工型面的局部相似度(具体取值见表 5 - 6)

表 5 - 6　加工型面的局部相似度

| 相似度 | 平面 | 阶梯面 | 外圆 | 内圆 | 环形槽 | 长槽 | 曲面 | 螺纹 | 孔 |
|---|---|---|---|---|---|---|---|---|---|
| 平面 | 1 | 0.8 | 0 | 0 | 0 | 0.6 | 0.4 | 0 | 0.2 |
| 阶梯面 | | 1 | 0 | 0 | 0 | 0.6 | 0.4 | 0 | 0.2 |
| 外圆 | | | 1 | 0.8 | 0.6 | 0 | 0 | 0.3 | 0 |
| 内圆 | | | | 1 | 0.6 | 0 | 0 | 0.3 | 0.2 |
| 环形槽 | | | | | 1 | 0 | 0 | 0.3 | 0 |
| 长槽 | | | | | | 1 | 0.1 | 0 | 0.1 |
| 曲面 | | | | | | | 1 | 0 | 0.1 |
| 螺纹 | | | | | | | | 1 | 0 |
| 孔 | | | | | | | | | 1 |

（4）毛坯热处理状态的局部相似度（具体取值见表 5 - 7）

其数值主要根据工件的成型方法的相似程度来确定的[64]。

表 5 - 7　毛坯热处理状态的局部相似度

| 相似度 | 淬火 | 正火 | 回火 | 退火 |
|---|---|---|---|---|
| 淬火 | 1 | 0.9 | 0.8 | 0.1 |
| 正火 | | 1 | 0.9 | 0.1 |
| 回火 | | | 1 | 0.1 |
| 退火 | | | | 1 |

2. 表面粗糙度的局部相似度采用模糊逻辑型算法计算

按照表面粗糙度将工件的加工精度分为 $Ra = 0.2, 0.4, 0.8, 1.6, 3.2, 6.3, 12.5, 25$ 等 8 个等级，表面粗糙度的局部相似度赋值见表 5 - 8。按照模糊逻辑型算法计算相似度，模糊逻辑算法的计算公式为

$$\text{sim}(x, y) = 1 - \frac{|x - y|}{M} \qquad (5 - 2)$$

表5-8　表面粗糙度的局部相似度赋值

| 表面粗糙度 | 0.2 | 0.4 | 0.8 | 1.6 | 3.2 | 6.3 | 12.5 | 25 |
|---|---|---|---|---|---|---|---|---|
| 赋值 | 1 | 2 | 3 | 4 | 5 | 6 | 7 | 8 |

例如,两个实例的表面粗糙度分别为 $Ra0.8$ 和 $Ra3.2$,则这两个实例的工艺特征值分别为 3 和 5,$M=8$,按照式(5-2)计算得这两个实例的表面粗糙度的局部相似度为

$$\text{sim}(x,y) = 1 - \frac{|3-5|}{8} = 0.75$$

3.工件尺寸、加工阶段和刀具的局部相似度采用数值型算法计算

工件尺寸的局部相似度赋值见表5-9,加工阶段的局部相似度赋值见表5-10,刀具刃口形状的局部相似度赋值见表5-11。

表5-9　工件尺寸的局部相似度赋值

| 工件尺寸/mm | 0~100 | 100~500 | 500~1 000 | 1 000~2 000 | 2 000 以上 |
|---|---|---|---|---|---|
| 赋值 | 1 | 2 | 3 | 4 | 5 |

表5-10　加工阶段的局部相似度赋值

| 加工阶段 | 粗加工 | 半精加工 | 精加工 |
|---|---|---|---|
| 赋值 | 1 | 2 | 3 |

表5-11　刀具刃口形状的局部相似度赋值

| 刀具刃口形状 | 锐刃 | 钝圆刃 | 倒棱刃 |
|---|---|---|---|
| 赋值 | 1 | 2 | 3 |

通过公式(5-1)计算工件尺寸和加工阶段的局部相似度,即

$$\text{sim}(x,y) = \frac{1}{1+|x-y|}$$

4.机床、夹具和切削参数优化的局部相似度采用无关型算法计算

机床、夹具和切削参数的局部相似度赋值分别见表5-12,表5-13 和表5-14。

**表 5 - 12　机床的局部相似度赋值**

| 机床 | 传统机床 | 高速切削机床 |
|---|---|---|
| 赋值 | 1 | 2 |

**表 5 - 13　夹具的局部相似度赋值**

| 夹具 | 常规夹具 | 专用夹具 |
|---|---|---|
| 赋值 | 1 | 2 |

**表 5 - 14　切削参数的局部相似度赋值**

| 切削参数 | 不考虑切削参数优化 | 考虑切削参数优化 |
|---|---|---|
| 赋值 | 1 | 2 |

通过公式(5 - 4)计算机床、夹具和切削参数优化的局部相似度,即

$$\text{sim}(x,y) = \begin{cases} 1 & x = y \\ 0 & x \neq y \end{cases}$$

## 5.3　工件材料相似和刀具材料相似条件下切削速度的计算方法

在高速切削过程中,切削速度一定制约着切削效率、加工精度、表面粗糙度、刀具寿命等参量,因而在高速切削过程中,选取合理的切削速度对工艺规划的成败起着至关重要的作用。系统检索得出的加工实例,其切削参数往往不能直接应用于工艺规划,而需要进行必要的修改,本书提出一种求解问题与相似实例之间相似切削速度的计算模型。根据实例的切削速度按照工件材料相似或者刀具材料相似,求出加工问题的切削速度,作为推荐值提供给工艺人员,便于工艺人员进行工艺规划。

高速切削过程是指被切削层在刀具作用下,切削层产生高应变速率的弹塑性变形和刀具与工件之间的高速摩擦学行为引起的热力耦合不均匀强应力场的过程。在强应力场作用下,切削变形的程度取决于切削时材料所受热力耦合的强应力场作用和工件材料性能(强度、弹塑性、热特性、位错密度等),而刀具的磨损主要是热力耦合作用下的热 - 力学,热 - 化学磨损和刀具材料的疲劳损伤与脆性断裂和刀具的热变形[65,66]。因此可以从剪切合力、弹塑性力、温升和热传导等方面研究切削速度的相似计算方法。

### 5.3.1　单值条件相似

单值条件是将一个个别现象从同类现象中区分出来,亦即将现象群的通解转变为特解的具体条件[67]。单值条件包括几何条件、物理条件、边界条件和起始条件等。根据相似第三定理,我们考察一个新现象时,只要肯定了它的单值条件和已研究过的现象相似,且由单值条件所组成的相似准数的值和已研究过的现象相等,就可以肯定这两个现象相似。另外根据模型定律,由于相似现象中的各有关物理量必须服从一定的物理定律,它们之间受一定的关系方程约束,各有关相似常数之间也存在一定关系,由此,计算切削加工过程中,根据剪切力、弹塑性力、温升以及热传导等方面的相似常数和模型定律,找出工件材料(或刀具材料)相似常数与切削速度相似常数之间的关系。

1. 剪切力相似

高速切削过程中麦钱特剪切角理论可以衡量切削变形程度,即假设在刀具作用下,切削层将成为一个剪切平面,作用在该平面上的切削合力为[68,69]

$$F = \frac{\tau_s A_c}{\sin\varphi\cos(\varphi + \beta - \gamma_0)} \tag{5-3}$$

由此计算剪切合力的相似常数为

$$m_F = \frac{F_r}{\overline{F_r}} \approx \frac{\dfrac{\tau_s A_c}{\sin\varphi\cos(\varphi + \beta - \gamma_0)}}{\dfrac{\overline{\tau_s}\,\overline{A_c}}{\sin\varphi\cos(\varphi + \beta - \gamma_0)}} = \frac{\tau_s}{\overline{\tau_s}} \cdot \frac{A_c}{\overline{A_c}} = \frac{\tau_s}{\overline{\tau_s}} m_l^2 \tag{5-4}$$

式中　$m_F$——力相似常数;

　　　$F_r$——剪切合力;

　　　$\varphi$——剪切角;

　　　$\beta$——切削角与刀具之间的平均摩擦角;

　　　$\gamma_0$——前角;

　　　$m_l$——几何相似常数;

　　　$A_c$——切削截面积;

　　　$\tau_s$——工件材料的名义剪切强度;

　　　$\overline{F_r}$——模型剪切合力;

　　　$\overline{\tau_s}$——模型工件材料的名义剪切强度;

　　　$\overline{A_c}$——模型切削截面积。

2. 弹塑性力、温升、热传导相似

同理可以得出弹塑性力、温升、热传导相似常数。塑性加工过程的相似准数和模型定律[70]见表 5-15。

**表 5 – 15　塑性加工过程的相似准数和模型定律**

| | 相似准数 | 模型定律 |
|---|---|---|
| 塑性力相似 | $K_p = \dfrac{F}{k_{fm}A_d}$ | $m_F = \dfrac{\overline{k_{fm}}}{k_{fm}}m_l^2$ |
| 弹性力相似 | $H_0 = \dfrac{F}{El^2}$ | $m_F = \dfrac{\overline{E}}{E}m_l^2$ |
| 温升相似 | $K_u = \dfrac{F}{c\rho l^2 \Delta\theta_u}$ | $m_F = \dfrac{\overline{c}\,\overline{\rho}}{c\,\rho}m_\theta m_l^2$ |
| 热传导相似 | $F_\theta = \dfrac{at}{l^2}$ | $m_t = \dfrac{\overline{a}}{a}m_l^2$ |

表中　$K_p$——塑性静力相似准数；

$F$——作用力；

$k_{fm}$——平均屈服应力；

$A_d$——面积；

$m_F$——力相似常数；

$\overline{k_{fm}}$——模型平均屈服应力；

$m_l$——几何相似常数；

$H_0$——弹性静力相似准数；

$E$——弹性模量；

$l$——长度；

$\overline{E}$——模型弹性模量；

$K_u$——变形热相似系数；

$c$——比热；

$\rho$——密度；

$\Delta\theta$——温差；

$\overline{c}$——模型比热；

$\overline{\rho}$——模型密度；

$m_\theta$——温度相似常数；

$F_\theta$——热传导相似常数；

$a$——导温系数；

$m_t$——时间相似常数；

$\bar{a}$——模型导温系数。

## 5.3.2　工件材料相似条件下切削速度计算方法

考虑剪切合力、弹塑性力、温升和热传导各个单值条件下的模型定律。

考虑剪切合力条件时：

$$m_F = \frac{\tau_s}{\bar{\tau}_s} m_l^2 \qquad\qquad (5-5)$$

考虑弹性力条件时：

$$m_F = \frac{E}{\bar{E}} m_l^2 \qquad\qquad (5-6)$$

考虑温升条件时：

$$m_F = \frac{c\rho}{\bar{c}\bar{\rho}} m_\theta m_l^2 \qquad\qquad (5-7)$$

考虑热传导条件时：

$$m_t = \frac{\bar{a}}{a} m_l^2 \qquad\qquad (5-8)$$

以上单值条件中，$\dfrac{\tau_s}{\bar{\tau}_s}$，$\dfrac{E}{\bar{E}}$，$\dfrac{\rho}{\bar{\rho}}$，$\dfrac{\bar{a}}{a}$ 均是材料的性能相似常数，材料越相似，切削加工性越相近，因此，用材料相似常数 $m_m$（用密度、抗拉强度、硬度来模拟材料的相似性）来代替 $\dfrac{\tau_s}{\bar{\tau}_s}$，$\dfrac{E}{\bar{E}}$，$\dfrac{\rho}{\bar{\rho}}$，$\dfrac{\bar{a}}{a}$，得到

$$m_F = m_m m_l^2 \qquad\qquad (5-9)$$

$$m_t = \frac{1}{m_m} m_l^2 \qquad\qquad (5-10)$$

式（5-9）与式（5-10）相比得到

$$m_F \frac{1}{m_t} = m_m^2 \qquad\qquad (5-11)$$

又因为

$$m_t = \frac{t}{\bar{t}} = \frac{l/v}{\bar{l}/\bar{v}} = m_l \frac{1}{m_v} \qquad\qquad (5-12)$$

将式（5-12）代入式（5-11），得

$$m_F m_v = m_m^2 m_l \qquad\qquad (5-13)$$

当工件材料改变,切削深度 $a_p$、进给量 $f_r$ 保持不变时,为了得到同样的切削条件(切削力、温度保持不变),即 $m_F = 1$, $m_l = 1$ 时,则

$$m_v = m_{mw}^2 \tag{5 - 14}$$

$$m_{mw} = \frac{m_{hw} + m_{\rho w} + m_{\sigma w}}{3} \tag{5 - 15}$$

式中    $v$——切削速度;

   $m_{mw}$——工件材料相似速度;

   $m_v$——速度相似常数;

   $m_{\rho w}$——工件材料硬度比;

   $m_{\sigma w}$——工件材料抗拉强度相似比。

用密度、抗拉强度、硬度来计算材料的相似性,由于硬度对材料切削性能起主要作用,根据公式(5 - 14),当工件材料改变,切削深度 $a_p$、进给量 $f_r$ 保持不变时,工件材料相似切削速度为

$$\bar{v} = m_{mt}^{2q} \cdot v \tag{5 - 16}$$

式中    $\bar{v}$——相似速度;

   $q$——当工件材料硬度比相似者低时,$q = -1$;当工件材料硬度比相似者高时,$q = 1$。

例如,半精车 60#钢外圆时,检索到的相似实例为半精车 45#外圆,实例的切削参数见表 5 - 16。

表 5 - 16   相似实例的切削参数

| 刀具生产厂家 | 刀具材料 | 加工精度 | 工件材料 | 切削速度 $v/(\text{mm/min})$ | 切削深度 $a_p/\text{mm}$ | 进给量 $f_r/(\text{mm/rev})$ |
|---|---|---|---|---|---|---|
| SECO | 涂层硬质合金 | 半精加工 | 45# | 373 | 1.5 | 进给量 |

45#和 60#的材料性能见表 5 - 17。

表 5 - 17   45#和 60#的材料性能

| 材料 | 硬度/HBS | 抗拉强度/MPa | 密度/($\text{g/cm}^3$) |
|---|---|---|---|
| 45# | 150 | 600 | 7.7 |
| 60# | 170 | 675 | 7.85 |

根据公式(5-1)计算两种材料的相似度为
$$m_{mw}=0.917$$
根据公式(5-16)计算材料相似条件下相似切削速度,得
$$\bar{v}=0.917^2\times373=314 \text{ mm/min}$$

### 5.3.3　刀具材料相似条件下切削速度计算方法

考虑刀具单值条件相似,则有
$$\bar{v}=m_{mt}^{2q}v \tag{5-17}$$
式中,$q$ 当工件材料硬度比相似者低时,$q=-1$;$q$ 当工件材料硬度比相似者高时,$q=1$。
$$m_{mt}=\frac{m_{ht}+m_{\rho t}+m_{\sigma t}}{3} \tag{5-18}$$
式中　$m_{mt}$——刀具材料相似系数;

$m_{ht}$——刀具材料硬度相似比;

$m_{\rho t}$——刀具材料密度相似比;

$m_{\sigma t}$——刀具材料抗弯强度相似比。

例如,用株洲硬质合金刀具 YC40 半精加工 45#外圆,检索出的相似实例为株洲硬质合金刀具 YC10 半精加工 45#,切削参数见表5-18。

表5-18　加工实例的切削参数

| 刀具生产商 | 刀具材料 | 加工精度 | 刀具牌号 | 工件材料 | 切削速度 $v/$(mm/min) | 切削深度 $a_p/$mm | 进给量 $f_r/$mm/rev |
|---|---|---|---|---|---|---|---|
| 株洲刀具 | 非涂层 | 半精加工 | Y10 | 45# | 300 | 1.5 | 0.2 |

株洲硬质合金刀具材料 YC10、YC40 的材料性能见表5-19。

表5-19　株洲硬质合金刀具材料 YC10、YC40 的材料性能

| 材料 | 硬度/HBS | 抗弯强度/GPa | 密度/(g/cm³) |
|---|---|---|---|
| YC10 | 1 550 | 1.65 | 10.3 |
| YC40 | 1 400 | 2.2 | 13.1 |

刀具材料的相似性由公式(5-18)计算,即
$$m_{mt}=\frac{m_{ht}+m_{\rho t}+m_{\sigma t}}{3}$$

则

$$m_{mt} = \frac{\dfrac{1\,400}{1\,550} + \dfrac{1.65}{2.2} + \dfrac{10.3}{13.1}}{3} = 0.813$$

刀具材料相似条件下切削速度由公式(5-17)计算,即

$$\bar{v} = m_{mt}^{2q} \cdot v$$

则

$$\bar{v} = 0.813^2 \times 300 = 198$$

分析了 STEP-NC 的数据模型,提出了基于 STEP-NC 的编码方案,根据这种编码方案,对加工实例按照车削、铣削、钻削实例进行编码;根据工艺特征的特性,提出了工艺特征的局部相似度的计算方法;根据相似理论,提出了相似切削速度的计算方法,计算求得的相似切削速度作为推荐值提供给工艺人员进行实例修改,使工艺规划更为合理。主要结论如下:

①根据 STEP-NC 的数据模型,加工工序由工件、制造特征、加工方法以及刀具决定,因此将加工方式、工件材料、加工型面、加工精度、表面粗糙度、切削深度、进给速度、切削速度、刀具等作为属性值构成实例编码,制订了车削、铣削和钻削的实例编码方案。

②根据工艺特征的特性,构造了工艺特征的局部相似度的计算方法。其中,工件材料、工件形状、加工型面和毛坯热处理状态局部相似度采用枚举型算法计算;表面粗糙度的局部相似度采用模糊型算法计算;加工阶段和刀具的局部相似度采用数值型算法计算;机床、夹具和切削参数优化的局部相似度采用无关型算法计算。

③以相似度理论为基础,提出了工件材料局部相似度即工件材料相似系数的计算方法,进而提出了工件材料相似切削速度和刀具材料相似切削速度的计算方法,为实现实例修改、完善工艺规划提供了依据。

# 5.4　实例推理与实例相似度计算

基于实例的推理是通过实例间的相似度计算找出实例库中与新问题最相似的实例。相似度计算分为局部相似度计算和整体相似度计算。相似度的定义如下[62]:

设有两个由 $n$ 个要素构成的系统,系统 $A$ 和系统 $B$ 分别为

$$A = \{a_1, a_2, \cdots, a_n\}$$
$$B = \{b_1, b_2, \cdots, b_n\}$$

若对 $A$ 和 $B$ 进行相似分析和比较,系统 $A$ 和 $B$ 具有相同属性的元素两两对应组成相似元,用相似元 $u_{ij} = (a_i, b_j)$ 表示,系统 $A$ 和 $B$ 之间存在着 $n$ 个相似元 $u_1, u_2, \cdots, u_n$,则将这 $n$

个相似元集合 $U$ 表示为

$$U = \{u_1, u_2, \cdots, u_n\}$$

其中,$0 \leqslant u_i \leqslant 1, i = 1, 2, \cdots, n$。

当 $0 < u_i < 1$ 时,表示两系统对应元素彼此相似;

当 $u_i = 1$ 时,表示两系统对应元素完全相同;

当 $u_i = 0$ 时,表示两系统对应元素既不相同也不相似。

系统间的相似度为

$$S = \sum_{i=1}^{m} w_i u_i$$

式中　$w_i$——权重系数;

　　　$u_i$——相似元的值。

1. 实例局部相似度计算

按照实例的工艺特征,把局部相似度分为四种类型进行计算,即数值型、模糊逻辑型、无关型和枚举型。不同类型的工艺特征对应不同的计算方法。

(1) 数值型

具有数值型值域的工艺特征的局部相似度,采用下式计算:

$$\text{sim}(x, y) = \frac{1}{1 + |x - y|} \tag{5-19}$$

式中　$\text{sim}(x, y)$——局部相似度;

　　　$x, y$——工艺特征的赋值。

(2) 模糊逻辑型

模糊逻辑型按下式计算:

$$\text{sim}(x, y) = f(x, y) \tag{5-20}$$

式中　$\text{sim}(x, y)$——局部相似度;

　　　$x, y$——属性的值;

　　　$f(x, y)$——数值函数。

(3) 无关型

工艺特征属性的不同取值之间没有任何联系。无关型局部相似度可用如下公式计算:

$$\text{sim}(x, y) = \begin{cases} 1 & x = y \\ 0 & x \neq y \end{cases} \tag{5-21}$$

式中　$\text{sim}(x, y)$——局部相似度;

　　　$x, y$——工艺特征赋值。

(4) 枚举型

工艺特征的两个取值对应一个局部的相似度,局部的相似度需要根据加工知识来确定。

**2. 工艺特征的权重值计算**

进行实例匹配时,需要决定不同实例特征的主次及其优劣程度,所决策出的特征重要程度称为权重值,按赋值中源信息的出处,可将权重的确定方法分为两类:一类是客观赋权法,其源信息来自于统计数据本身,这类赋权法包括主成分分析法、熵值法、离差及均方差法、因子分析法、多目标规划法等。另一类是主观赋权法,其源信息来自专家咨询,即利用专家群的知识和经验来确定权值,这类赋权法包括层次分析法、专家调查法、环比评分法、最小评分法等。本书采用熵值法(Entropy Method)来确定各个工艺特征的权重值。这是一种客观赋权法,这种方法根据原始数据之间的关系来计算权重,避免了人为因素的影响,通过这种方法计算得到的权重客观性很强。其计算步骤如下[63]。

(1)构造局部相似度矩阵

设数据库中存有 $m$ 个实例,每个实例由 $n$ 个特征进行问题描述,计算加工问题与各个实例的局部相似度 $\text{sim}(x,y)_{ij}$,可以得到局部相似度矩阵为

$$\boldsymbol{X} = (\text{sim}(x,y)_{ij})_{m \times n} \qquad (i = 1,2,\cdots,m; j = 1,2,\cdots,n) \qquad (5-22)$$

经标准化处理后形成标准化矩阵,即

$$\boldsymbol{X}' = (\text{sim}(x,y)'_{ij})_{m \times n} \qquad (5-23)$$

(2)计算第 $j$ 个特征第 $i$ 个对象在所有对象中所占比重 $p_{ij}$

$$p_{ij} = \frac{\text{sim}(x,y)'_{ij}}{\sum\limits_{i=1}^{m} \text{sim}(x,y)'_{ij}} \qquad (0 \leqslant p_{ij} \leqslant 1) \qquad (5-24)$$

(3)计算熵值 $h$ 和效用值 $g$

第 $j$ 个特征的熵值 $h_j$ 为

$$h_j = -k \sum_{i=1}^{m} p_{ij} \ln p_{ij} \qquad (5-25)$$

式中,$k = 1/\ln m$,$0 \leqslant h \leqslant 1$,$j = 1,2,\cdots,n$。

则第 $j$ 个特征的效用值

$$g_j = 1 - h_j \qquad (5-26)$$

(4)计算第 $j$ 个特征的权重值(即熵权 $w_i$)

$$\omega_j = \frac{g_j}{\sum\limits_{j=1}^{n} g_j} \qquad (5-27)$$

局部相似度可能出现数据异常点,使标准化矩阵出现零值或负值,此时可对零值或负值进行平移,然后再计算熵值权重,平移变换公式为[64]

$$x_{ij}' = c + \frac{x_{ij} - \min(x_{ij})}{\max(x_{ij}) - \min(x_{ij})} \times d \qquad (5-28)$$

其中，$c = \dfrac{\displaystyle\sum_{i=1}^{m} x_{ij}}{\sqrt{\displaystyle\sum_{i=1}^{m} (x_{ij} - \bar{x}_{ij})^2}}$，$d = \dfrac{1}{\sqrt{\displaystyle\sum_{i=1}^{m} (x_{ij} - \bar{x}_{ij})^2}}$

3. 整体相似度计算

整体相似度采用下式计算：

$$\mathrm{SIM}(T,S) = \sum_{i=1}^{n} w_i \mathrm{sim}_i(x,y) \qquad (5-29)$$

式中　　$T$——待求问题；

$S$——库实例；

$n$——实例的工艺特征数目；

$\mathrm{sim}_i(x,y)$——问题 $T$ 和实例 $S$ 的第 $i$ 个工艺特征的局部相似度；

$w_i$——第 $i$ 个工艺特征的权重值。

# 5.5　变型设计中实例检索的算法表达

在产品模型中，包含显式和隐式两类信息。显式信息描述产品开发过程中的结果和数据内容，对应于产品、部件和零件等物化存在的有形表达，如几何形状、尺寸、精度等，显式信息也称为产品数据，这类信息显式地存在于产品的三个子模型中。隐式信息定义了产品数据与活动过程的关系以及产品数据之间的联系，这类信息存在于三个子模型内部或三个子模型之间，隐式信息可抽象为数据关系。在产品数据的有形表达和规划过程中，在产品数据的物化过程中，需要利用知识和规则对各种数据进行提取和加工。

实例检索是实现产品变型设计的关键，实例检索就是根据给定的问题，利用实例的索引，从实例库中寻找适合当前问题的最相似实例。通常，采用近似匹配算法和模板选择算法来实现实例检索。

1. 近似匹配算法

利用近似匹配算法计算实例的匹配值，通过如下步骤来实现。

令

$$F = \{f_1, f_2, \cdots, f_m, f_{m+1}, f_{m+2}, \cdots, f_{m+n}\} \qquad (5-30)$$

表示一类对象所具有的一组属性，其中，$f_i(i=1,2,\cdots,m)$ 为对象的重要属性，$f_I(I=m+1, m+2, \cdots, m+n)$ 为对象的一般属性。

设

$$W = \{W(f_{m+1}), W(f_{m+2}), \cdots, W(f_{m+n})\} \in [0,1]$$

为对象一般属性的权值；

令

$$V = \{v_1, v_2, \cdots, v_{m+n}\}$$

表示一组相应于对象属性的值,设要求设计参数为 $V'$,对每一个实例取其实际功能属性 $V''$,按照公式

$$S = \{S_1(v_1', v_1''), S_2(v_2', v_2''), \cdots, S_{m+n}(v_{m+n}', v_{m+n}'')\}$$

求相似度,当 $v_i'$ 与 $v_i''$ 相同时,$S_i$ 值取 1,否则 $S_i$ 值取 0,$i = 1, 2, \cdots, m+n$。

按照公式

$$B = \prod S(f_i) * \left( \sum W(f_j) \cdot S(f_j) \right) \in [0,1] \qquad (5-31)$$

计算实例的匹配值,其中 $i = 1, 2, \cdots, m, j = m+1, m+2, \cdots, m+n$。

将匹配值 $B$ 与匹配阈值 $T$ 进行比较,取 $B \geq T$ 的实例为所选相似实例。

例如对于汽车座椅,其属性参数包括长度、价格、高度、调整角度,各参数的权值依次定为 1,0.5,0.25,0.25。并且把匹配阈值 $T$ 设为 0.75,实例库中座椅实例的参数设定见表 5 - 20。

表 5 - 20 座椅实例的参数

| 长度/mm | 价格/元 | 高度/mm | 调整角度/(°) | 座椅型号 |
|---|---|---|---|---|
| 1 200 | 155 | 850 | 0 | HFJ6350 |
| 1 200 | 165 | 800 | 0 | HFJ7080 |
| 950 | 180 | 850 | 90 | HFJ6351 |
| 950 | 205 | 800 | 90 | HFJ1010 |
| 950 | 180 | 800 | 0 | HFJ1010H |
| 950 | 205 | 850 | 0 | HFJ7080 |

设变型设计任务为长度为 950 mm,价格为 180 元,高度:850 mm,调整角度 90°,由近似匹配算法可以得到各实例匹配值,见表 5 - 21。

表 5 - 21 座椅实例匹配值

| 座椅型号 | 匹配值 |
|---|---|
| HFJ6350 | 0 |
| HFJ7080 | 0 |

表 5 – 21（续）

| 座椅型号 | 匹配值 |
|---|---|
| HFJ6351 | 0.75 |
| HFJ1010 | 0.50 |
| HFJ1010H | 0.50 |
| HFJ7080 | 0 |

**2. 模板选择算法**

依据近似匹配算法,有时得到的匹配实例可能为多个,例如,对于有些实例,如果通过上面的计算,有两个或多个实例的匹配值 $B \geqslant 0.75$ 这时,则这些实例都将作为近似实例被检索出来,这时可以通过模板选择算法进行进一步的运算,从而,求出一个最近似的实例作为设计模板。具体算法如下:

①令

$$C = \{C_1, C_2, \cdots, C_n\}$$

为经过近似匹配所得的候选实例。

②令

$$S = \{S_1, S_2, \cdots, S_m\}$$

为一组评价标准。

③分别计算评价矩阵

$\boldsymbol{R}: C \times S \rightarrow [0, 1]$;

$R_{ij} = R(C_i, S_j) \in [0, 1]$;

$R \mid_{C_i} = (R_{i1}, R_{i2}, \cdots, R_{im}) \in [0, 1]^m$。

其中,$R_{ij}$ 表示实例 $C_i$ 对于评价标准 $S_j$ 的符合值。

④计算评价函数 $E(R_{i1}, R_{i2}, \cdots, R_{im})$ 的实例评价分 $E$;

⑤取 $E$ 值最高的实例为设计实例模板。

例如,如果型号 HFJ1010 座椅实例计算后的匹配值 $B = 0.75$,即与型号 HFJ6351 座椅相同,现有评价标准为:

①若价格不超过 180,则评价分为 0.6;

②若座椅高度与设计要求相符,则评价分为 0.5。

根据模板选择算法可得,HFJ6351 为与设计要求最相近的实例,系统把该实例提取出来作为设计模板。

# 第6章　高速切削数据库系统的开发与应用

## 6.1　高速切削工艺数据库系统开发和应用的支撑环境

为了提高高速切削系统的实用性、高效性,高速切削数据库系统的开发应当在一个良好的环境下进行。为实现系统的规模化、网络化和跨平台数据共享,在云计算环境下进行系统的开发和应用;采用 Microsoft Windows XP Professional 操作系统;开发平台为 Microsoft Visual Studio. NET 2008;开发语言选用简单易学、功能强大的 C#. NET 语言;数据库系统采用 SQL Server 2000 数据库系统,实现模式采用客户端/服务器模式,即 C/S 模式。

为了实现高速切削数据库系统的规模化、网络化和数据跨平台共享,本书开发的数据库在云制造环境下开发和运行。

### 6.1.1　云制造的运行模式和制造云的框架结构

云制造的运行模式[89]如图 6 – 1 所示。

制造云是云制造系统的核心,是大量的云服务按一定的规则聚合在一起所形成的动态与服务中心,能够透明地为用户提供可靠的、廉价的、按需使用的产品全生命周期应用服务。制造云通过将异构的资源整合到统一的基础架构中并实现标准化,为资源使用从独立方式转变为共享服务方式提供了平台支持,实现了以服务为导向的运行架构,提供了对云服务的自动部署、配置、高效管理等功能[90]。典型制造云的框架结构如图 6 – 2 所示[91,92]。这种制造云包括六个层次,即资源层、资源感知层、资源虚拟接入层、制造云核心服务层、传输网络层和终端应用层。

1. 资源层

资源层提供产品全生命周期过程中所涉及的各类资源,包括制造资源、制造能力[93],并进行详细分类,从而为不同资源所采取不同的虚拟化技术提供基础。

2. 资源感知层

资源感知层主要包括二维码标签、射频识别(Radio Frequency Identification, RFID)标签、全球定位系统(Global Positioning System, GPS)、传感器等感知装置,支持软硬资源接入的各类适配器与相应的信息处理中心——资源感知系统。该层解决的主要问题是资源的感知、识别,信息的采集、分类、聚合等处理,为实现制造云对资源的智能化识别和管理提供

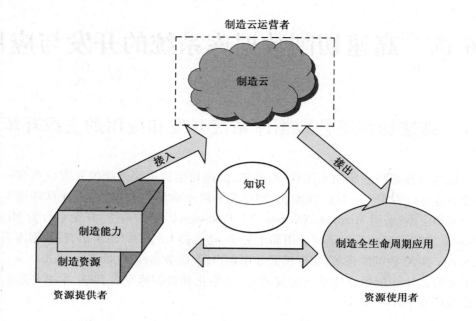

图6－1　云制造的运行模式图

支持[94]。

3. 资源虚拟接入层

通过采用虚拟化技术,将分散的各类资源虚拟接入制造云平台,形成虚拟资源并聚集在虚拟资源池中,从而隐藏底层资源的复杂性和动态性,为制造云平台实现面向服务的资源高效共享与协同提供支持[95]。

4. 制造云服务核心层

制造云服务核心层是制造云平台的核心服务层,主要分为三个部分:首先,通过对虚拟资源进行服务化封装、发布等操作,形成云服务;其次,针对不同类型的云服务选择相应的部署方式,并实现对云服务的智能、高效的管理,如智能匹配、动态组合、容错管理等;再次,为用户按需地使用产品全生命周期服务提供支持,如调度管理、变更管理、计费管理等[96]。

5. 传输网络层

传输网络层主要指整个制造云形成、运行过程中所涉及的不同网络,以及不同的传输协议,如"三网",即互联网、广电网、电信网。

6. 终端应用层

终端应用层面对制造业的相关领域和行业,提供产品全生命周期的各类服务应用,用户可以通过不同的终端与制造云进行交互,并能支持多主体任务的高效协同。

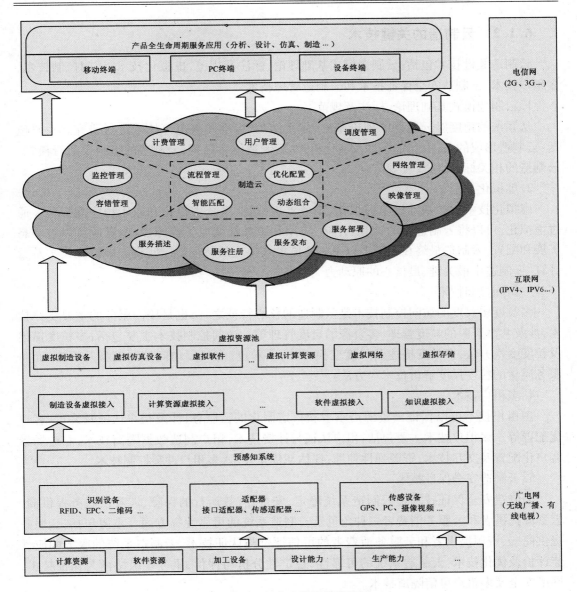

**图 6 - 2　制造云的框架结构图**

### 6.1.2 云制造的关键技术

云制造关键技术包括:云制造模式基础理论、标注及规范,虚拟化技术,访问控制技术,多租户技术,云制造安全保证技术和云制造管理技术。

1. 云制造模式基础理论、标注及规范

从系统的角度对云制造的理论基础、体系结构、标准和规范等技术进行研究。主要包括:云制造形成的条件、稳定条件及演化机理,云制造体系结构,云制造的组织及运行模式,云制造的相关标准、协议及规范。

2. 虚拟化技术

虚拟化技术包括基础设施虚拟化、服务器虚拟化、系统虚拟化和应用程序虚拟化。通过虚拟化,可以将云制造中的计算、存储、应用和服务都变成了资源,这些资源可以被动态扩展和配置,云制造最终在逻辑上以单一整体形式呈现的特征得以实现。虚拟化技术是云计算/云制造中最关键、最核心的原动力[97]。

3. 访问控制技术

多粒度多尺度的访问控制技术是云制造的核心特征之一,也是按需服务的重要支撑技术,涉及共享资源的粒度管理、多资源的尺度管理等。访问控制技术主要包括:多粒度描述及粒度变换方法,多粒度描述及尺度变换方法,多粒度、多尺度访问控制模型及策略,面向服务质量的粒度尺度解析技术与方法。

4. 多租户技术

多租户技术可以保证云资源需求者获得定制化的云服务,涉及租户认证及许可、客户化配置等。多租户技术主要包括:租户认证与计费技术,租户制造数据隔离技术,制造场景客户化配置及交互技术,资源弹性伸缩、评估与优化技术,多租户冲突控制技术。

5. 云制造安全保证技术

云制造安全保证技术是云制造系统稳定、安全、有效运行的保障,涉及云服务提供商、云资源提供者和云服务消费者三种角色及云制造系统的可靠性等方面。主要包括:云服务提供商、云资源提供者和云服务消费者的可信评价与认证技术,云制造系统的服务响应性能评价及优化技术,云制造系统的可靠性、稳定性分析与评价,服务等级协商与保证技术,网络安全及多租户可信隔离技术。

6. 云制造管理技术

云制造管理技术是云制造运行的主体,涉及资源管理、任务管理、服务管理等方面。云制造管理技术主要包括:共享资源的部署、监控、调度、预留、释放等技术,制造任务的描述、分解、调度、协商、监控、评价、冲突控制、迁移等,服务目录、虚拟资源聚合、消息与通信管理、用户与计费管理等。

### 6.1.3  云制造环境的构建

在虚拟化技术中采用云制造关键技术,对服务器和数据库应用程序进行虚拟化,使高速切削数据库能够在云制造环境下运行。

本书采用 VMware. Server. 2. 0 软件对服务器进行模拟虚拟化,图 6 – 3 ~ 图 6 – 6 所示为该软件对 CPU、内存及部分设备与 I/O 虚拟化的实现过程。

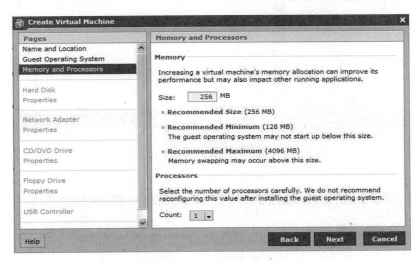

图 6 – 3  CPU 和内存虚拟化

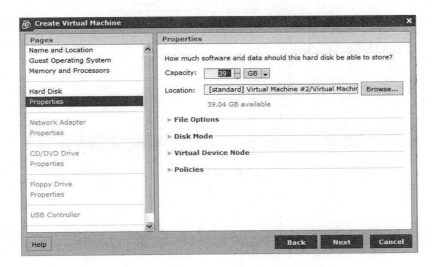

图 6 – 4  硬盘虚拟化

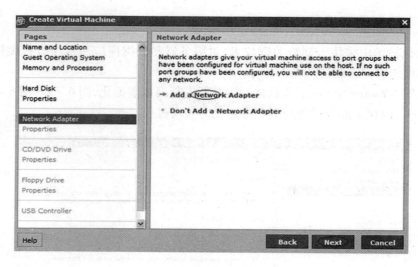

图 6 – 5　网卡虚拟化

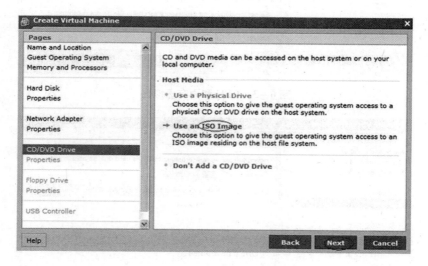

图 6 – 6　光驱虚拟化

经过虚拟化,原来的一台物理服务器被虚拟化成为两台虚拟服务器,这两台虚拟服务器被原来的物理服务器托管,如图6-7所示。

**图6-7　服务器虚拟化**

## 6.2　高速切削数据库的数据采集

高速切削数据库的数据来源于三个方面:第一,来源于生产现场的数据;第二,来源于公开的资料、手册等数据;第三,来源于研究实验数据[99-101]。有文献指出,生产现场的数据收集是未来数据库主要的数据收集方法,本书利用与企业合作的优势,在建立加工实例库和工艺规划库时,尽量收集采用来自生产现场的数据,提高数据库的实用性。

1. 加工实例库、工艺规划库和切削参数、切削用量数据

加工实例库、工艺规划库和切削参数、切削用量的数据来源于生产现场和实验研究。

结合这些企业的生产需求,以企业的零部件生产工艺数据和实验研究的零部件加工工艺数据形成加工实例,使加工实例能够与企业的实际应用紧密联系,便于指导生产,并以企业的工艺规划(或工艺规程)为蓝本,按照企业的习惯,以工序为单位进行工艺规划和加工实例的编写。图6-8~图6-11分别给出了汽车车门外板淬硬钢模具、汽车立柱淬硬钢模具、航空发动机高阻尼器和航空发动机尾传动机匣的加工实例。

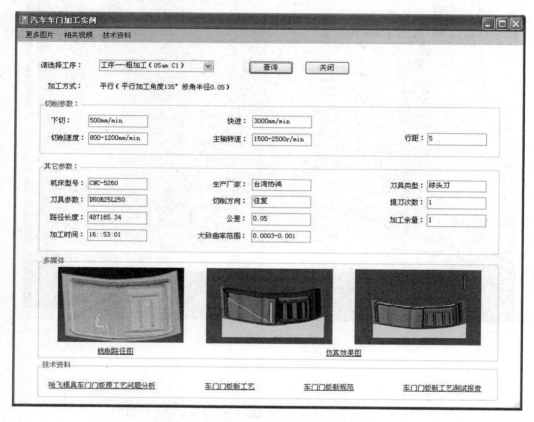

图6-8 汽车车门外板淬硬钢模具加工实例

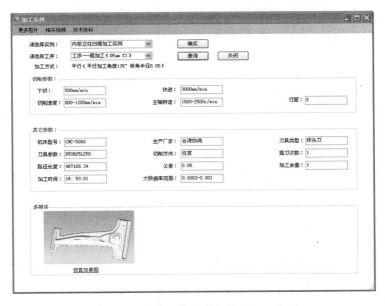

**图 6 - 9  汽车立柱淬硬钢模具加工实例**

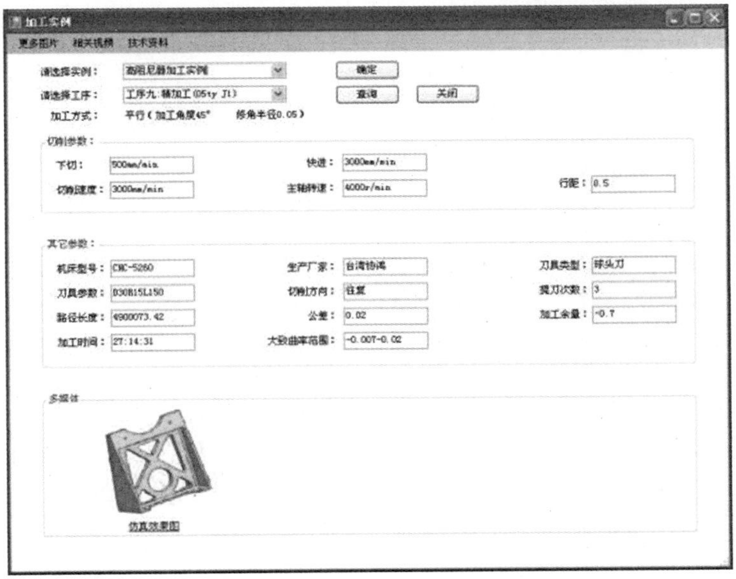

**图 6 - 10  航空发动机高阻尼器加工实例**

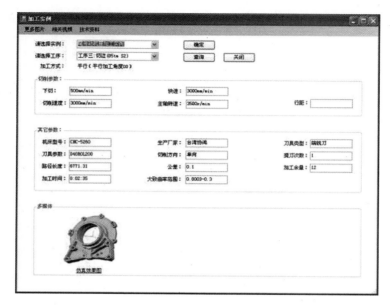

**图 6-11 航空发动机尾传动机匣加工实例**

**2. 材料数据、刀具数据**

材料数据、刀具数据、机床数据主要来源于公开的资料和手册。

刀具数据主要从黛杰、株洲钻石、瓦尔特、三特维克等刀具生产厂商提供的刀具手册采集,如图 6-12 和图 6-13 分别为三特维克和黛杰刀具的部分数据。

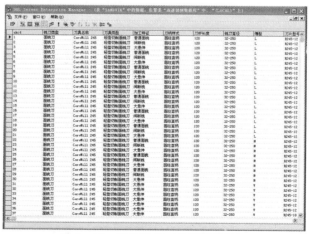

**图 6-12 三特维克刀具的部分数据**

SQL Server Enterprise Manager - [表"djdj00"中的数据，位置是"高速铣削数据库"中、"(LOCAL)"上]

文件(F)　窗口(W)　帮助(H)

| daijieid | 铣刀类型 | 所属系列 | 刀具名称 | 类型号 | 刀具型号 | 安装直径 | 刀具直径 |
|---|---|---|---|---|---|---|---|
| 1 | 球头铣刀 | 万砍领尚系列（加长颈型） | 万砍领尚DZ03球头铣刀 | DZ03-OCSB-LN | DZ03-OCSB2020-2 | 6 | 2 |
| 2 | 球头铣刀 | 万砍领尚系列（加长颈型） | 万砍领尚DZ03球头铣刀 | DZ03-OCSB-LN | DZ03-OCSB2025-S | 4 | 2.5 |
| 3 | 球头铣刀 | 万砍领尚系列（加长颈型） | 万砍领尚DZ03球头铣刀 | DZ03-OCSB-LN | DZ03-OCSB2025-S | 4 | 2.5 |
| 4 | 球头铣刀 | 万砍领尚系列（加长颈型） | 万砍领尚DZ03球头铣刀 | DZ03-OCSB-LN | DZ03-OCSB2025-S | 4 | 2.5 |
| 5 | 球头铣刀 | 万砍领尚系列（加长颈型） | 万砍领尚DZ03球头铣刀 | DZ03-OCSB-LN | DZ03-OCSB2030-9 | 6 | 3 |
| 6 | 球头铣刀 | 万砍领尚系列（加长颈型） | 万砍领尚DZ03球头铣刀 | DZ03-OCSB-LN | DZ03-OCSB2030-1 | 6 | 3 |
| 7 | 球头铣刀 | 万砍领尚系列（加长颈型） | 万砍领尚DZ03球头铣刀 | DZ03-OCSB-LN | DZ03-OCSB2030-2 | 6 | 3 |
| 8 | 球头铣刀 | 万砍领尚系列（加长颈型） | 万砍领尚DZ03球头铣刀 | DZ03-OCSB-LN | DZ03-OCSB2040-1 | 6 | 4 |
| 9 | 球头铣刀 | 万砍领尚系列（加长颈型） | 万砍领尚DZ03球头铣刀 | DZ03-OCSB-LN | DZ03-OCSB2040-1 | 6 | 4 |
| 10 | 球头铣刀 | 万砍领尚系列（加长颈型） | 万砍领尚DZ03球头铣刀 | DZ03-OCSB-LN | DZ03-OCSB2040-2 | 6 | 4 |
| 11 | 球头铣刀 | 万砍领尚系列（柄小头大型） | 万砍领尚DZ03球头铣刀 | DZ03-OCUB | DZ03-OCUB2060 | 5 | 6 |
| 12 | 球头铣刀 | 万砍领尚系列（柄小头大型） | 万砍领尚DZ03球头铣刀 | DZ03-OCUB | DZ03-OCUB2070 | 6 | 7 |
| 13 | 球头铣刀 | 万砍领尚系列（柄小头大型） | 万砍领尚DZ03球头铣刀 | DZ03-OCUB | DZ03-OCUB2080 | 7 | 8 |
| 14 | 球头铣刀 | 万砍领尚系列（柄小头大型） | 万砍领尚DZ03球头铣刀 | DZ03-OCUB | DZ03-OCUB2090 | 8 | 9 |
| 15 | 球头铣刀 | 万砍领尚系列（柄小头大型） | 万砍领尚DZ03球头铣刀 | DZ03-OCUB | DZ03-OCUB2100 | 9 | 10 |
| 16 | 球头铣刀 | 万砍领尚系列（柄小头大型） | 万砍领尚DZ03球头铣刀 | DZ03-OCUB | DZ03-OCUB2110 | 10 | 11 |
| 17 | 球头铣刀 | 万砍领尚系列（柄小头大型） | 万砍领尚DZ03球头铣刀 | DZ03-OCUB | DZ03-OCUB2120 | 11 | 12 |
| 18 | 球头铣刀 | 万砍领尚系列（柄小头大型） | 万砍领尚DZ03球头铣刀 | DZ03-OCUB | DZ03-OCUB2160 | 15 | 16 |
| 19 | 球头铣刀 | 万砍领尚系列（柄小头大型） | 万砍领尚DZ03球头铣刀 | DZ03-OCUB | DZ03-OCUB2200 | 18 | 20 |
| 20 | 球头铣刀 | 万砍领尚系列（柄小头大型） | 万砍领尚DZ03球头铣刀 | DZ03-OCUB | DZ03-OCUB2060 | 5 | 6 |
| 21 | 球头铣刀 | 万砍领尚系列（柄小头大型） | 万砍领尚DZ03球头铣刀 | DZ03-OCUB | DZ03-OCUB2070 | 6 | 7 |
| 22 | 球头铣刀 | 万砍领尚系列（柄小头大型） | 万砍领尚DZ03球头铣刀 | DZ03-OCUB | DZ03-OCUB2080 | 7 | 8 |
| 23 | 球头铣刀 | 万砍领尚系列（柄小头大型） | 万砍领尚DZ03球头铣刀 | DZ03-OCUB | DZ03-OCUB2090 | 8 | 9 |
| 24 | 球头铣刀 | 万砍领尚系列（柄小头大型） | 万砍领尚DZ03球头铣刀 | DZ03-OCUB | DZ03-OCUB2100 | 9 | 10 |
| 25 | 球头铣刀 | 万砍领尚系列（柄小头大型） | 万砍领尚DZ03球头铣刀 | DZ03-OCUB | DZ03-OCUB2110 | 10 | 11 |
| 26 | 球头铣刀 | 万砍领尚系列（柄小头大型） | 万砍领尚DZ03球头铣刀 | DZ03-OCUB | DZ03-OCUB2120 | 11 | 12 |
| 27 | 球头铣刀 | 万砍领尚系列（柄小头大型） | 万砍领尚DZ03球头铣刀 | DZ03-OCUB | DZ03-OCUB2160 | 15 | 16 |
| 28 | 球头铣刀 | 万砍领尚系列（柄小头大型） | 万砍领尚DZ03球头铣刀 | DZ03-OCUB | DZ03-OCUB2200 | 18 | 20 |
| 29 | 球头铣刀 | 万砍系列（普通加工用） | 万砍球头铣刀 | DZ-OCSB | DZ-OCSB2010 | 4 | 1 |
| 30 | 球头铣刀 | 万砍系列（普通加工用） | 万砍球头铣刀 | DZ-OCSB | DZ-OCSB2010-2.5 | 4 | 1 |
| 31 | 球头铣刀 | 万砍系列（普通加工用） | 万砍球头铣刀 | DZ-OCSB | DZ-OCSB2012 | 4 | 1.2 |
| 32 | 球头铣刀 | 万砍系列（普通加工用） | 万砍球头铣刀 | DZ-OCSB | DZ-OCSB2014 | 4 | 1.4 |
| 33 | 球头铣刀 | 万砍系列（普通加工用） | 万砍球头铣刀 | DZ-OCSB | DZ-OCSB2015 | 4 | 1.5 |
| 34 | 球头铣刀 | 万砍系列（普通加工用） | 万砍球头铣刀 | DZ-OCSB | DZ-OCSB2016 | 4 | 1.6 |
| 35 | 球头铣刀 | 万砍系列（普通加工用） | 万砍球头铣刀 | DZ-OCSB | DZ-OCSB2018 | 4 | 1.8 |
| 36 | 球头铣刀 | 万砍系列（普通加工用） | 万砍球头铣刀 | DZ-OCSB | DZ-OCSB2020 | 6 | 2 |
| 37 | 球头铣刀 | 万砍系列（普通加工用） | 万砍球头铣刀 | DZ-OCSB | DZ-OCSB2020-5T | 6 | 2 |

**图 6－13　黛杰刀具的部分数据**

材料数据见第 5 章表 5－1 和表 5－2。

## 6.3　高速切削数据库系统应用举例

在实际生产中，当工艺人员接到加工任务后，需要进行工艺规划，制定工艺规程，按照传统方法，工艺人员需要根据自己的工作经验，结合加工任务的具体要求，来完成这项工作。这要求工艺人员不但要深入了解本企业的各种设备资源配置，而且需要有丰富的加工经验，才能制定出合理的工艺规划，保质保量地完成加工任务，然而现实的情况是，并不是每个工艺人员都具有足够丰富的加工经验，同一个加工任务由不同的人来进行工艺规划，结果可能大相径庭，人为因素可能导致工艺规划的不合理，影响加工质量和生产进度，而采用实例推理系统，可以从数据库中把以前成功的加工实例检索出来作为参考的解决方案，在解决方案中做必要的修改，形成行之有效的工艺规划。这样就可以把他人的成功经验应用到新的加工任务当中，把复杂的问题简单化，提高了工艺规划的可行性和工作效率。

本书归纳 11 个工艺特征对加工问题进行描述，这 11 个工艺特征分别为工件材料、毛坯热处理状态、加工型面、工件形状、加工阶段、表面粗糙度、工件尺寸、机床、夹具、刀具和切削参数优化。其中,工件材料、毛坯热处理状态、加工型面、工件形状、加工阶段、表面粗糙度和工件尺寸等工艺特征是常规切削和高速切削加工问题的共性问题,按照这些工艺特征进行实例推理,常规加工的推理机制为常规加工的推理机制。这种推理机制无法得到高速切削所特有的满足高速切削工艺规划的加工实例。为此,本书从高速切削技术在提高加工精度方面的优势出发,归纳了机床、夹具、刀具和切削参数优化等因素,对加工问题进一步进行描述,使实例推理能够得到高速切削加工数据。这种推理机制为高速切削加工的推理机制。为了验证高速切削数据库实例推理机制的合理性,现分别采用上述两种推理机制进行说明。

### 6.3.1　常规切削加工的实例推理过程

设有待加工零件"板壁件",并从实例库中选取三个加工实例,分别为:膜盘、转接盘和底座,这三个实例采用常规切削方式进行加工。待加工零件和加工实例的工艺特征见表6-1,则常规加工方式的实例推理和检索过程如下。

表6-1　待加工零件和加工实例的工艺特征

| 工艺特征 | 待加工零件 | 转接盘 | 膜盘 | 底座 |
|---|---|---|---|---|
| 工件材料 | 钛合金 | 铝合金 | 钛合金 | 钛合金 |
| 毛坯热处理状态 | 无 | 无 | 无 | 无 |
| 加工型面 | 平面加工 | 曲面加工 | 平面加工 | 型腔加工 |
| 工件形状 | 板壁类 | 盘类、板壁类 | 板壁类 | 箱体类、板壁类 |
| 加工阶段 | 精加工 | 半精加工 | 半精加工 | 粗加工 |
| 表面粗糙度 | $Ra \leqslant 0.8$ | $Ra \leqslant 0.8$ | $Ra \leqslant 0.8$ | $Ra \leqslant 1.6$ |
| 工件尺寸 | 直径120 mm | 924 mm × 535 mm × 20 mm | 直径112 mm | 223 mm × 202 mm × 66 mm |

根据工艺特征,计算工艺特征的局部相似度见表6-2。

**表 6 - 2　加工实例与待加工零件的工艺特征及其局部相似度**

| 工艺特征 | 局部相似度算法 | 转接盘 | 膜盘 | 底座 |
|---|---|---|---|---|
| 工件材料 | 枚举型 | 0.3 | 1 | 1 |
| 毛坯热处理状态 | 枚举型 | 1 | 1 | 1 |
| 加工型面 | 枚举型 | 0.4 | 1 | 0.1 |
| 工件形状 | 枚举型 | 0.5 | 1 | 0.5 |
| 加工阶段 | 数值型 | 0.5 | 0.5 | 0.33 |
| 表面粗糙度 | 模糊逻辑型 | 0.33 | 1 | 0.5 |
| 工件尺寸 | 数值型 | 0.25 | 1 | 0.33 |

第一步:根据第 5 章所述工艺特征赋值方法对加工实例与待加工零件的相似度赋值,并计算出每个加工实例与待加工零件的局部相似度,见表 6 - 2。

第二步:按照第 3 章所述计算步骤,构建局部相似度矩阵为

$$\boldsymbol{X} = \begin{pmatrix} 0.30.5 & 0.333 & 0.25 & 0.4 & 0.5 & 1 \\ 1 & 0.5 & 1 & 1 & 1 & 1 & 1 \\ 1 & 0.333 & 0.5 & 0.333 & 0.1 & 0.5 & 1 \end{pmatrix}^{\mathrm{T}}$$

第三步:按照式(5 - 24)、式(5 - 25)、式(5 - 26)、式(5 - 27)、式(5 - 28)计算权重值,得

$$\boldsymbol{\omega}_{\mathrm{j}} = (0.142 \quad 0.02 \quad 0.136 \quad 0.242 \quad 0.382 \quad 0.075 \quad 0.001)^{\mathrm{T}}$$

第四步:按照式(5 - 29)求得三个实例与待加工零件的整体相似度分别为

$$\mathrm{SIM}(T, S_1) = 0.209, \mathrm{SIM}(T, S_2) = 0.587, \mathrm{SIM}(T, S_3) = 0.198$$

第五步:由计算结果可知,加工实例"膜盘"与待加工零件的相似度值最大,系统按照最近邻居法即式(3 - 12)从实例库中将加工实例"膜盘"检索出来,作为解决方案输出。加工实例检索结果输出如图 6 - 14 所示。

按照这种推理机制检索出的加工实例是采用常规切削方式加工而生成实例。实例中的切削参数当中,加工机床为沈阳第一机床厂生产的 CAK6150 - Di 卧式数控车床,其主轴最大转速为 2 200 r/min;夹具为常规夹具,夹紧力方向为径向。采用常规切削加工方式,按照这些切削参数加工出来的零件最大变形为 0.2 mm,这种变形使加工出来的工件加工精度较低,因而企业对工艺进行了改进,改用高速切削对该零件进行加工。下面说明高速切削加工的实例推理过程。

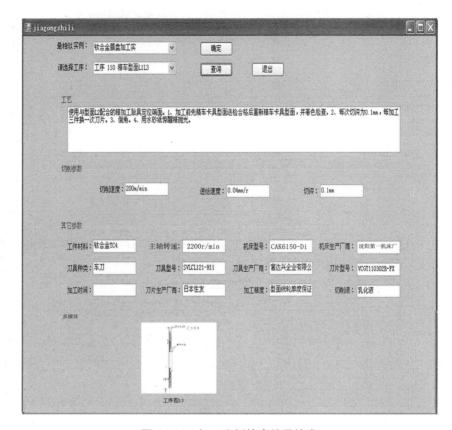

图 6-14 加工实例检索结果输出

## 6.3.2 高速切削加工的实例推理过程

仍选取上述待加工零件和加工实例,采用高速切削技术进行加工,希望通过实例推理得到高速切削加工工艺的加工实例,在实例推理时增加机床、夹具、刀具和切削参数优化等因素,加工实例仍选用上面三个工件,所不同的是,这三个工件采用的是高速切削加工工艺进行加工的。在这种条件下,待加工零件和加工实例的工艺特征见表 6-3。

表 6-3 高速切削条件下待加工零件和加工实例的工艺特征

| 工艺特征 | 待加工零件 | 转接盘 | 膜盘 | 底座 |
|---|---|---|---|---|
| 工件材料 | 钛合金 | 铝合金 | 钛合金 | 钛合金 |

表 6-3（续）

| 工艺特征 | 待加工零件 | 转接盘 | 膜盘 | 底座 |
|---|---|---|---|---|
| 毛坯热处理状态 | 无 | 无 | 无 | 无 |
| 加工型面 | 平面加工 | 曲面加工 | 平面加工 | 型腔加工 |
| 工件形状 | 板壁类 | 盘类、板壁类 | 板壁类 | 箱体类、板壁类 |
| 加工阶段 | 精加工 | 半精加工 | 半精加工 | 粗加工 |
| 表面粗糙度 | $Ra \leq 0.8$ | $Ra \leq 0.8$ | $Ra \leq 0.8$ | $Ra \leq 1.6$ |
| 工件尺寸 | 直径 120 mm | 924 mm × 535 mm × 20 mm | 直径 112 mm | 223 mm × 202 mm × 66 mm |
| 机床 | 高速切削机床 | 高速切削机床 | 高速切削机床 | 传统机床 |
| 夹具 | 专用夹具 | 专用夹具 | 专用夹具 | 常规夹具 |
| 刀具 | 钝圆刃 | 钝圆刃 | 钝圆刃 | 钝圆刃 |
| 切削参数优化 | 是 | 是 | 是 | 否 |

计算求得加工实例与待加工零件的工艺特征的算法及其局部相似度如表 6-4。

表 6-4　加工实例与待加工零件的工艺特征的算法及其局部相似度

| 工艺特征 | 局部相似度算法 | 转接盘 | 膜盘 | 底座 |
|---|---|---|---|---|
| 工件材料 | 枚举型 | 0.3 | 1 | 1 |
| 毛坯热处理状态 | 枚举型 | 1 | 1 | 1 |
| 加工型面 | 枚举型 | 0.4 | 1 | 0.1 |
| 工件形状 | 枚举型 | 0.5 | 1 | 0.5 |
| 加工阶段 | 数值型 | 0.5 | 0.5 | 0.33 |
| 表面粗糙度 | 模糊逻辑型 | 0.33 | 1 | 0.5 |
| 工件尺寸 | 数值型 | 0.25 | 1 | 0.33 |
| 机床 | 无关型 | 1 | 1 | 0 |
| 夹具 | 无关型 | 1 | 1 | 0 |
| 刀具 | 数值型 | 1 | 1 | 1 |
| 切削参数优化与否 | 无关型 | 1 | 1 | 0 |

按照前面所述的计算步骤进行实例推理,检索出来的高速切削加工实例如图 6 – 15 所示。

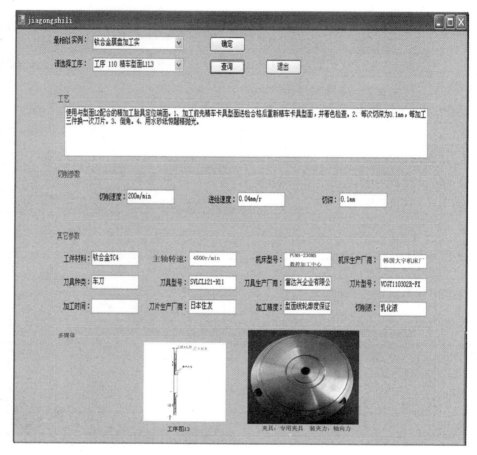

图 6 – 15　高速切削加工实例检索结果输出

这个加工实例的加工工艺是企业采用高速切削技术并经过工艺改进之后而生成的加工实例。其切削参数中,加工机床为韩国大宇机床厂生产的 PUMA – 230MS 数控加工中心,主轴最大转速为 4 500 r/min;夹具采用专用夹具,夹紧力方向为轴向。加工出来的零件最大变形为 0.000 037 mm,大大提高了该零件的成品率。

比较常规切削加工方式与高速切削加工方式实例推理过程可知,采用高速切削实例推理求解出的加工实例包含了高速切削加工的工艺参数,包括切削用量、加工机床和夹具及装夹方式,这些工艺参数对于制定高速切削加工工艺规划具有重要的指导意义,在本实例中,通过高速切削加工工艺和切削参数,使加工精度得到了显著提高,这充分证明了高速切削数据库推理机制的合理性。

云计算技术是近年来兴起的一项新技术,由于其强大的计算能力,一经出现就迅速在各个领域得到了应用。为实现系统的规模化、网络化和跨平台数据共享,本章研究在云计算/云制造环境下实现高速切削数据库系统的开发和应用,主要结论如下:

①运用虚拟化技术,建立了高速切削数据库系统的开发和运行的云计算/云制造支撑环境。研究了虚拟化技术,通过对 CPU 虚拟化、内存虚拟化和设备与 I/O 虚拟化实现了服务器虚拟化,将服务器的利用率从 10% 提高到 80% ,从而大大节约构建数据中心的成本;通过应用程序虚拟化,把应用程序对底层的系统和硬件的依赖抽象出来,从而解除应用程序与操作系统和硬件的耦合关系,解决应用程序不兼容的问题。

②利用与企业合作的优势,在建立加工实例库和工艺规划库时,尽量收集采用来自生产现场的数据,提高数据库的实用性。

③以生产现场的实际加工任务为例,具体说明了高速切削数据库系统实例推理的实现过程,并与常规切削的实例推理进行了比较,证明了高速切削实例推理机制的优越性和可行性。

# 结　　论

在对高速切削实例分析和研究的基础上,综合运用相似理论,人工智能技术,构建基于实例的高速切削数据推理机制,利用云计算/云制造技术等方法,建立基于集成化、网络化和资源共享的高速切削数据库取得的创新性研究成果总结如下:

①提出了适用于高速切削数据库的推理机制的构建方法。对加工工艺的影响因素进行了分析,提出了通过工艺特征描述加工实例的方法,并针对高速切削技术的特点,从提高加工精度的角度出发,归纳了高速切削加工过程中对加工精度具有重要影响作用的工艺特征,并通过这些特征对高速切削加工实例进行描述,使通过实例推理求得的加工实例能够满足高速切削加工的精度要求,充分发挥高速切削的优势;运用相似理论提出了工艺特征的局部相似度计算方法,对不同类型的工艺特征的局部相似度计算分别构造了枚举型、数值型、模糊逻辑型和无关型四种计算方法;对熵值法进行了改进,并采用改进的熵值法对局部相似度的权重赋值,使相似度的权重值更具客观性。

②提出了在相似工件材料和相似刀具材料的情况下计算切削速度的方法。运用相似理论,通过相似材料的剪切力、弹塑性力、温升、热传导之间的关系,建立了工件材料和刀具相似条件下切削速度的计算模型,为不同但相似材料的加工选取合适的切削速度提供了参考依据。

③运用云计算/云制造技术实现高速切削数据库系统的规模化、网络化和数据跨平台信息共享。通过对云计算/云制造体系结构、运行模式的分析,采用虚拟化技术,实现了服务器虚拟化和应用程序虚拟化,构建了高速切削数据库的运行环境,为建立数据中心、资源池、构建云平台以及对云计算/云制造的资源维护与管理奠定了基础。

在研究基础上,更加深入地在以下方面开展相关的研究:

①构建了实例推理的算法,即通过计算工艺特征的相似度算法来实现实例推理。根据高速切削技术的特点,从提高加工精度的角度出发,归纳了对高速切削加工精度具有重要影响作用的工艺特征。未来的研究可以从提高加工效率、实现绿色制造、实现柔性化等角度对高速切削工艺问题描述进行研究;

②云计算/云制造技术的发展日新月异,但这项技术在高速切削领域的应用还处于探索阶段。未来的研究重点是研究高速切削资源池和云平台的构建技术,从而将云计算/云制造技术应用到高速切削领域。

# 参 考 文 献

[1] Abukhshim N A, Mativenga P T, Sheikh M A. An investigation of the tool – chip contact length and wear in high – speed turning of EN19 steel [C]. Proceedings of the Institution of Mechanical Engineers (Part B) Engineering Manufacture, 2004.

[2] 王遵彤,刘战强,万熠,等. 相似度及基于实例推理在高速切削数据库中的应用[J]. 机械科学与技术,2003,22(3):431-434.

[3] 虞付进. 高速切削机理的研究现状与思考[J]. 机械工程师,2003(10):12-15.

[4] Ashley S. High-speed machining goes mainstream [J]. Mechanical Engineering,1995,117(5): 56-61.

[5] 王育平,于丽杰,韩晓军. 数据库技术及其在网络中的应用[M]. 北京:清华大学出版社,2004.

[6] 高中军,刘战强. 陶瓷刀具切削数据库管理系统的建立[J]. 机械工程师,2003(8): 37-39.

[7] 吕凌志,张幼桢. 金属切削数据库系统的设计[J]. 南京航空航天大学学报,1991,23(3): 26-32.

[8] 刘战强,武文革,万熠. 高速切削数据库与数控编程技术[M]. 北京:国防工业出版社,2008.

[9] 白瑀,曹岩,杨小斐. 基于实例推理的发动机叶片切削参数数据库系统[J]. 机械设计与制造,2008(11):195-197.

[10] 赵文祥. 硬质合金刀具切削数据库的建立与研究[J]. 水利电力机械,1995,6(3): 46-50.

[11] 陈天全,夏伟,吴斌. 基于客户/服务器模式的金属切削数据库设计[J]. 机械设计与制造工程,1999,28(6): 39-40.

[12] Foster, Yong Z, Raicu, et al. Cloud computing and grid computing 360 – degree compared [EB/OL]. [2010 – 07 – 12]. http:arxiv.org/abs/arxiv:0901.0131.

[13] Buyyaa R, Chee S Y, Srikumar V, et al. Cloud computing and emerging IT platforms vision, hype, and reality for delivering computing as the 5th utility [J]. Future Generation Computer Systems,2009,25(6): 599-616.

[14] Luis M V, Luis R M, Caceres J, et al. A break in the clouds towards a cloud definition [J]. ACM SIGCOMM Computer Communication Review,2009,39(1): 50-55.

[15] 刘鹏. 云计算[M]. 北京:电子工业出版社,2010.

［16］张雪峰,韩霞,户春影.从上至下产品设计在布局(Layout)数据传递的应用[J].黑龙江八一农垦大学学报,2009,21(2):39-41.

［17］Chunying H,Jianghua G,Xiulin S,et al. The cutting test research of cemented carbide face milling cutter[J]. Applied Mechanics and Materials,2013,274:157-160.

［18］林南南,张吉军,户春影,等.大切深可转位车刀的结构设计及热－力评价分析[J].黑龙江八一农垦大学学报,2014,26(3):14-17.

［19］户春影,宋江,张吉军.高速切削中数控铣床的刀具半径补偿功能的研究与应用[J].黑龙江八一农垦大学学报,2015,27(1):22-25.

［20］田乃浩,户春影,温荣梅.比例缩放功能在数控编程中的研究与应用[J].黑龙江八一农垦大学学报,2014,26(2):25-28.

［21］程华农.面向智能体的化工过程运行系统分析、模型化和集成策略的研究[D].广州:华南理工大学,2002.

［22］Zhang J,Gao L,Chan F T,et al. A holonic architecture of the concurrent integrated process planning system［J］. Journal of Material Processing Technology,2003,139(1): 267－272.

［23］Brussel H V,Wyns J,Valckenaers P,et al. Reference architecture for holonic manufacturing systems:PROSA［J］. Computers In Industry,1998,37(3): 255-276.

［24］姜英新,孙吉贵.约束满足问题求解及 ILOG SOLVER 系统简介[J].吉林大学学报(理工版),2002,40(1):53-60.

［25］鹿守理.相似理论在金属塑性加工中的应用[M].北京:冶金工业出版社,1995.

［26］户春影,隋秀凛,葛江华,等.面向大规模定制汽车产品配置器的关键技术研究［J］.自动化技术与应用,2007,9:94-95.

［27］户春影,刘明洋,代洪庆,等.基于 SmarTeam 的汽车产品配置器开发［J］.黑龙江八一农垦大学学报,2010,22(1):32-34.

［28］王永忠,葛江华,隋秀凛,等.PDM 环境下基于实例推理的变型设计技术研究[J].自动化技术与应用,2007,26(6):129-130.

［29］包振强.基于多 Agent 的智能制造执行系统研究[D].南京:南京航空航天大学,2003.

［30］户春影,刘明洋,代洪庆,等.铝材挤压机穿孔针的有限元分析[J].黑龙江八一农垦大学学报,2009,21(6):18-21.

［31］贾延林.模块化设计[M].北京:机械工业出版社,2003.

［32］Exixon G. Modularity the basis for product and recongnineering[J]. CIRP,1999,145(1): 25-28.

［33］顾佩华.设计理论与方法学研究方面的最新发展[J].机械与电子,2000,27(5):15-19.

［34］丁中海,董丽筠.中国机械工业科学技术发展后 30 年[M].北京:机械工业出版社,2001.

［35］余俊.设计工程技术发展概况［J］.中国机械工程,1997,22(4):32-35.

［36］王海军.面向大规模定制的产品模块化若干设计方法研究［D］.大连:大连理工大学,2005.

［37］王太辰.中国设计大典［M］.南昌:江西科技出版社,2001.

［38］韩玥,阎萍萍,王晖.面向用户的机械产品模块化设计技术［J］.国防技术基础,2003,22(4):24-27.

［39］唐桂荣.关于铁路客车模块化设计的探索［J］.企业标准化,1998,3(3):14-16.

［40］王鹏.基于模块化石材异型制品加工设备快速设计［D］.济南:山东大学,2002.

［41］张劲松,王启富,万立,等.基于本体的产品配置建模研究［J］.计算机集成制造系统 – CIMS,2003,9(5):344-350.

［42］Dewan R,Jing B,Seidmann A. Adoption of Internet – based product customization and pricing strategies［C］. Proceedings of the Hawaii International Conference on System Sciences,2000,17(2):9-28.

［43］程华农.面向智能体的化工过程运行系统分析、模型化和集成策略的研究［D］.广州:华南理工大学,2002.

［44］Alford D S,Nelder P G. Mass customization automotive perspective［J］. International Production Economics,2000,65(1):99-110.

［45］Grabowski H,Pocsai Zs. Guide Line for Identification and Specification of Process［R］. CEEMM Internal Document,1998.

［46］赵燕伟,胡坚,张国贤.基于 OWL 本体建模的概念产品配置［J］.中国机械工程,2004,15(19):1 725-1 727.

［47］王瓔,胡克清,刘进.基于 OWL 元模型的本体建模研究［J］.武汉大学学报,2004,50(9):580-582.

［48］Jiao J X,Mitchell M T. A methodology of development product family architecture for mass customization［J］. Journal of Intelligent of Manufacturing,2005,10(2):9-12.

［49］刘晓冰,董建华.面向产品族的建模技术研究［J］.计算机辅助设计与图形学学报,2001,24(7):636-641.

［50］苏宝华.面向大批量定制生产的产品建模理论、方法及其应用研究［D］.杭州:浙江大学,1998.

［51］张莉彦.有关特征建模技术的研究［J］.北京化工大学学报,1998,25(3):40-43.

［52］杨华,曹立波.特征建模在汽车车身覆盖件设计中的应用［J］.客车技术与研究,2002,24(4):11-12.

［53］施海云.基于 SmarTeam 的软管 PDM 系统的设计与实现［D］.上海:华东师范大学,2005.

[54] 过学迅,李欣,熊欣,等.Smarteam 在汽车研发部门的应用[J].上海汽车,2006,12(4): 26-29.

[55] 顾新建,陈子辰,熊励,等.我国汽车制造业大规模定制生产模式研究[J].中国工业经济,2000,13(6):37-41.

[56] 程振波.基于 MC 的产品定制设计平台构建体系研究[D].杭州:浙江工业大学,2002.

[57] 吴小兰.基于 PDM 的产品配置系统的研究与设计[D].武汉:武汉理工大学,2005.

[58] 何陈棋.面相成本的大批量定制配置设计技术研究[D].杭州:浙江大学,2004.

[59] Yeh A G,Shi X. Case-based reasoning in development control [J]. International Journal of Applied Earth Observation and Geoinformation,2001,3(3): 238-251.

[60] 刘晓冰,薄洪光,马跃,等.基于实例推理的钢铁生产工艺设计研究[J].中国机械工程,2008,19(18):2 189-2 195.

[61] 宋欣,郭伟,王志勇.基于实例推理的可倾瓦推力轴承方案设计[J].计算机集成制造系统,2009,15(8):1 478-1 483.

[62] Huang C C,Tseng T L. Rough set approach to case-based reasoning application [J]. Expert System,2004,26(3): 369-385.

[63] Chiu M L. Design moves in situated design with case-based reasoning [J]. Design studies,2003,24(1): 1-25.

[64] 许洪昌,叶文华,梅胜敏.金属切削数据库建造技术研究[J].南京航空航天大学学报,1996,28(5): 651-655.

[65] Santochi M,Dini G. Use of neural networks in automated selection of technological parameters of cutting tools [J]. Computer Integrated Manufacturing systems,1996,9(3):137-148.

[66] Fernades K J,Raja V H. Incorporated tool selection system using object technology [J]. International Journal of Machine Tools and Manufacture,2000,16(10): 1 547-1 555.

[67] Tibor T,Ferenc E,Farzad R. Intensity type statevariables in the integration of planning and controlling manufacturing processes [J]. Computer & Industrial Engineering,1999,37(1-2): 89-92.

[68] 李春泉,尚玉玲,胡春杨,等.基于 K-最短路算法的云制造多粒度访问控制技术[J].计算机应用,2011,31(9):2 357-2 358,2 381.

[69] 任磊,张霖,张雅彬,等.云制造资源虚拟化研究[J].计算机集成制造系统,2011,17(3):511-518.

[70] Danielle Ruest,Nelson Ruest. 虚拟化技术指南[M]. 陈奋,译. 北京:机械工业出版社,2011.

[71] Krashawski A,Koiranen T,Nyström T. Case-based reasoning system for mixing equipment selection[J]. Computers and Chemical Engineering,1995,19(1): 821-826.

［72］艾兴.高速切削加工技术的现状和发展［C］.海峡两岸机电及产学合作学术研讨会论文集,2005.

［73］黄桑华.切削力学［M］.北京:机械工业出版社,1998.

［74］鹿守理.相似理论在金属塑性加工中的应用［M］.北京:冶金工业出版社,1995.

［75］黎春兰,邓仲华.论云计算的价值［J］.图书与情报,2009,(4):42-46.

［76］李伟平,林慧苹,莫同,等.云制造中的关键技术分析［J］.制造业自动化,2011,33(1):7-10.

［77］维基百科. Cloud computing. ［2009 - 03 - 10］. http//en. wikipedia org/wiki/Cloud_computing.

［78］董晓霞,吕廷杰.云计算研究综述及未来发展［J］.北京邮电大学学报(社会科学版),2010,12(5):76-81.

［79］中国云计算网. 什么是云计算. ［2009 - 02 - 27］. http://www. cloud computing - china. cn/Article/Show Article asp? Article ID = 1.

［80］Vaquero L M,Rodero - Merino L,Caceres J,et al. A break in the clouds:towards a cloud definition ［J］. ACM SIGCOMM Computer Communication Review,2009,39(1): 50-55.

［81］陈全,邓倩妮.云计算及其关键技术［J］.计算机应用,2009,29(9):2 562-2 567.

［82］刘捷.基于 SaaS 的 IT 服务平台的研究和应用［D］.北京:北京邮电大学,2009.

［83］张水坤.SaaS 模式的设计与研究［J］.科技创业,2007(11):1188-192.

［84］莫佳俊.基于 SaaS 模式的服务集成框架的研究［D］.北京:北京邮电大学,2010.

［85］牛艳奇.基于 SaaS 的液压支架设计系统［J］.辽宁工程技术大学学报(自然科学版),2010,29(3):468-471.

［86］王兴鹏,王学辉,代增辉.基于 SaaS 的中小企业信息化建设新模式［J］.管理科学文摘,2008(4):48-50.

［87］王庆波,金萍,何乐,等.虚拟化与云计算［M］.北京:电子工业出版社,2009.

［88］张霖,罗永亮,陶飞,等.制造云构建关键技术研究［J］.计算机集成制造系统,2010,16(11):2 510-2 520.

［89］顾新建,陈芨熙,纪杨建,等.云制造中的成组技术［J］.成组技术与生产现代化,2010,27(3):1-4.

［90］唐箭.云计算数据库研究及其在远程教学中的应用［J］.赤峰学院学报(自然科学版),2009,25(11):232-233.

［91］张霖,罗永亮,陶飞,等.制造云构建关键技术研究［J］.计算机集成制造系统,2010,16(11):2 510-2 520.

［92］孔楠.基于云计算平台的商业服务模式研究［D］.上海:上海外国语大学,2010.

［93］张建,曹蓟光.互联网中云计算技术研究［J］.电信网技术,2009(10):1-4.

［94］ 郝雪梅.基于云计算的煤炭企业信息化研究［D］.太原:山西财经大学,2011.

［95］ 王兴鹏,王学辉,代增辉.基于 SaaS 的中小企业信息化建设新模式［J］.管理科学文摘, 2008,(4):48-50.

［96］ 王舰,杨振东.基于云计算的中小企业财务信息化应用模式探讨［J］.中国管理信息 化,2009,12(17):53-54.

［97］ 周平,张超.云计算及云存储的管理技术［J］.上海电力学院学报,2010,26(5): 498-501.

［98］ 卢秉恒.机械制造技术基础［M］.北京:机械工业出版社,2005.

［99］ 王珊,萨师煊.数据库系统概论［M］.北京:高等教育出版社,2006.

［100］ 徐洁磐.张剡,封玲.现代数据库系统实用教程［M］.北京:人民邮电出版社,2006.

［101］ 王育平,于丽杰,韩晓军.数据库技术及其在网络中的应用［M］.北京:清华大学出版 社,2004.